上海市工程建设规范

轻型木结构建筑技术标准

Technical standard for light wood frame construction

DG/TJ 08—2059—2022

J 11461—2022

主编单位：华东建筑集团股份有限公司
　　　　　同济大学
批准部门：上海市住房和城乡建设管理委员会
施行日期：2022 年 7 月 1 日

同济大学出版社

2023　上海

图书在版编目(CIP)数据

轻型木结构建筑技术标准/华东建筑集团股份有限公司,同济大学主编. 一上海:同济大学出版社,2023.8

ISBN 978-7-5765-0826-0

Ⅰ.①轻… Ⅱ.①华… ②同… Ⅲ.①轻质材料-木结构-建筑工程-技术标准-上海 Ⅳ.①TU759-65

中国国家版本馆 CIP 数据核字(2023)第 079203 号

轻型木结构建筑技术标准

华东建筑集团股份有限公司
同济大学　　　　　　　　　　　　主编

责任编辑　朱　勇
责任校对　徐春莲
封面设计　陈益平

出版发行　同济大学出版社　　www.tongjipress.com.cn
　　　　　(地址:上海市四平路1239号　邮编:200092　电话:021-65985622)
经　　销　全国各地新华书店
印　　刷　浦江求真印务有限公司
开　　本　889mm×1194mm　1/32
印　　张　7.125
字　　数　192 000
版　　次　2023年8月第1版
印　　次　2023年8月第1次印刷
书　　号　ISBN 978-7-5765-0826-0
定　　价　75.00元

上海市住房和城乡建设管理委员会文件

沪建标定〔2022〕79 号

上海市住房和城乡建设管理委员会
关于批准《轻型木结构建筑技术标准》
为上海市工程建设规范的通知

各有关单位：

由华东建筑集团股份有限公司和同济大学主编的《轻型木结构建筑技术标准》，经审核，现批准为上海市工程建设规范，统一编号为 DG/TJ 08—2059—2022，自 2022 年 7 月 1 日起实施。原《轻型木结构建筑技术规程》DG/TJ 08—2059—2009 同时废止。

本标准由上海市住房和城乡建设管理委员会负责管理，华东建筑集团股份有限公司负责解释。

上海市住房和城乡建设管理委员会

2022 年 1 月 28 日

前　言

根据上海市住房和城乡建设管理委员会《关于印发〈2019 年上海市工程建设规范、建筑标准设计编制计划〉的通知》(沪建标定〔2017〕753 号)的要求,标准编制组经广泛调查,开展系列专题研究,认真总结工程实践经验,并借鉴国内外先进标准,在广泛征求意见的基础上,修订本标准。

本标准共设 12 章内容,主要内容有:总则;术语和符号;材料;设计基本规定;荷载、作用及其效应计算;结构设计与构造;防火设计;暖通空调与电气设计;防护设计;隔声设计;施工与质量验收;装配式轻型木结构建筑。

本标准修订的主要内容是:①修改适用范围;②补充结构和构件材料以及耐久性材料的有关规定;③增加结构设计的一般规定中部分条文,归并结构体系和平面布置的有关规定,并增补内容;④荷载及作用的一般规定和作用增加条文规定,地震作用计算和抗震验算规定全面修订;⑤原标准第 6～12 章内容纳入第 6 章,并全面修订;⑥防火设计基本规定局部修订,对轻型木结构燃烧性能、耐火极限等进行调整,防火间距、防火分隔相关规定做局部修订,新增施工现场防火措施规定;⑥暖通空调与电气设计,增加部分传热系数限值,简化建筑气密性设计部分条款,供暖、通风和空气调节设计增加条款;⑧防护设计一般规定局部调整;⑨隔声设计调整一般规定,新增隔声减噪措施规定;⑩增加施工与质量验收部分条款;⑪新增装配式轻型木结构建筑章节。

各单位及相关人员在执行本标准过程中,请注意总结经验,积累资料,并将有关意见和建议反馈至上海市住房和城乡建设管理委员会(地址:上海市大沽路 100 号,邮编:200003,E-mail:

shjsbzgl@163.com);华东建筑设计研究院有限公司(地址:上海市南车站路600弄18号,邮编:200011);上海市建筑建材业市场管理总站(地址:上海市小木桥路683号,邮编:200032;E-mail:shgcbz@163.com),以供今后修订时参考。

主 编 单 位:华东建筑集团股份有限公司
　　　　　　同济大学
参 编 单 位:华东建筑设计研究院有限公司
　　　　　　上海建筑设计研究院有限公司
　　　　　　济木建筑科技工程(上海)有限公司
　　　　　　上海市建设工程安全质量监督总站
　　　　　　上海市消防救援总队
　　　　　　苏州昆仑绿建木结构科技股份有限公司
主 要 起 草 人:高承勇　王平山　何敏娟
　　　　　　(以下按姓氏笔画排列)
　　　　　　王　薇　　王洁瑛　　朱亚鼎　　安东亚　　寿炜炜
　　　　　　李　征　　李进军　　李敏敏　　杨　波　　杨志刚
　　　　　　宋晓滨　　张海燕　　张家华　　张盛东　　赵华亮
　　　　　　赵济安　　贺江波　　倪　春　　倪　竣　　徐佳彦
　　　　　　郭苏夷　　崔家春　　熊海贝
主 要 审 查 人:吕西林　马伟骏　何　焰　许清风　章迎尔
　　　　　　梁　峰　朱　鸣

上海市建筑建材业市场管理总站

目　次

Contents

1 总 则

1.0.1 为满足上海市轻型木结构和混合轻型木结构建筑的应用需求,贯彻国家技术经济政策,促进建筑业绿色发展,做到安全适用、技术先进、经济合理、质量可靠,制定本标准。

1.0.2 本标准适用于下列轻型木结构和混合轻型木结构建筑的设计、施工及工程质量验收,内容涵盖结构、防火、暖通与空气调节、防护、隔声等方面:

 1 4层及4层以下轻型木结构民用建筑。

 2 高度不超过24 m、上部不超过4层轻型木结构与下部其他结构材料组成的7层及7层以下混合轻型木结构住宅与办公建筑。

 3 18 m及以下钢或混凝土框架内填轻型木剪力墙的混合木结构住宅建筑。

 4 24 m及以下钢或混凝土框架内填轻型木剪力墙的混合木结构办公建筑。

 5 多层民用建筑的顶层木屋盖系统(含平改坡屋盖系统)。

 6 单层丁、戊类厂房(库房)。

 7 采用非承重外墙和房间隔墙的高度不超过24 m的民用建筑。

1.0.3 在符合安全和使用性能要求的同时宜优先采用通用和标准化的结构和构件,减少构件截面的规格,减少制作、安装工作量。

1.0.4 本标准中的尺寸采用现行国家标准《木结构设计标准》GB 50005的名义尺寸表述;在设计、施工和验收时,应采用同一种体系的尺寸。

1.0.5 轻型木结构建筑的设计、施工及工程质量验收除应满足本标准的要求以外,尚应符合国家、行业和本市现行有关标准的规定。

2 术语和符号

2.1 术 语

2.1.1 名义尺寸 nominal dimension

相似材料截面和构造尺寸的通用代表尺寸,名义尺寸通常包括规格材截面尺寸、板材尺寸及结构体系中的重要构造尺寸等,工程设计时应采用实际尺寸。

2.1.2 轻型木结构 light wood frame construction

用规格材、木基结构板或石膏板制作的木构架墙体、木楼盖和木屋盖系统构成的建筑结构。

2.1.3 混合轻型木结构 hybrid light wood frame construction

由轻型木结构或其构(部)件和其他材料如钢、钢筋混凝土或砌体等不燃结构或构件共同形成结构受力体系的结构。

2.1.4 平改坡屋盖 flat-to-pitch roof reconfiguration

在建筑结构许可、地基承载力达到要求的情况下,将多层楼房平屋面加建为坡屋顶,达到改善建筑功能和景观效果的房屋屋面修缮处理。

2.1.5 构造设计法 prescriptive design method

结构抗侧力设计时,按规定的要求布置结构构件,并结合相应的构造措施以取得结构、构件安全和适用的设计方法。

2.1.6 工程设计法 engineering design method

结构抗侧力设计时,通过工程计算与验算,并结合相应的构造措施以取得结构、构件安全和适用的设计方法。

2.1.7 木材含水率 moisture content of wood

通常指木材内所含水分的质量占其烘干质量的百分比。

2.1.8 结构复合木材 structural composite lumber(SCL)

采用木质的单板、单板条或木片等,沿构件长度方向排列组坯,并采用结构用胶粘剂叠层胶合而成,专门用于承重结构的复合材料,包括旋切板胶合木、平行木片胶合木、层叠木片胶合木和定向木片胶合木以及其他具有类似特征的复合木产品。

2.1.9 抗拔锚固件 hold-down connection

将作用在剪力墙边界构件的上拔力传递到支承剪力墙的基础、墙体、梁或柱的连接件。

2.1.10 组合梁 built-up beam

由规格材或工程木产品组合,按照相关标准制成的梁。

2.1.11 工字形木搁栅 wood I-joist

使用结构用木材、结构规格材或结构复合材作翼缘,木基结构板材作腹板的工字形木搁栅。

2.1.12 桁架梁 girder truss

作为主要支承构件支承其他桁架、搁栅或椽条等的桁架。

2.1.13 组合柱 built-up column

由规格材或工程木产品组合,按照相关标准制成的柱。

2.1.14 剪力墙 shear wall

按照工程设计法设计的、面板采用木基结构板材、墙骨柱用规格材构成的用以承受竖向和水平作用的墙体。

2.1.15 构造剪力墙 braced wall

按照构造设计法设计的、面板采用木基结构板材、墙骨柱用规格材构成的用以承受竖向和水平作用的墙体。

2.1.16 防火分隔 fire stopping

轻型木结构建筑中,在骨架构件和面板之间形成许多空腔之间增设的构造,构件内某处遇火时,用以从构造上阻断火焰、高温气体以及烟气传播的分隔。根据阻断火焰、高温气体和烟的传播的方式和规模,防火分隔分成竖向防火分隔和水平防火分隔。

2.1.17 建筑围护结构 building envelope

指外围护结构,是与室外空气或地面直接接触的,用于分隔室内空间和室外空间的建筑部分,包括底层楼板、外墙、屋顶、门窗等,用以承受所有的环境负荷。

2.1.18 气密性 air tightness

建筑围护结构防止空气渗透和泄漏的能力。

2.1.19 气密层 air barrier

建筑围护结构中用于阻挡空气流动的材料和处理手段。

2.1.20 木材防腐剂 wood preservative

可防止或中止木材腐朽、虫害、长霉或变色的化学药剂。

2.1.21 木材防腐处理 preservative treatment

在压力浸渍或常压条件下,采用木材防腐剂对木材进行处理。

2.1.22 排水通风外墙 rainscreen exterior wall

一种可以有效防止雨水渗入墙体内部的墙体结构,主要特征是在外墙防护板和后面墙体之间设置一道排水通风空气层,又称防雨幕墙。

2.1.23 蒸汽阻隔层 vapour barrier

建筑围护结构中设置一层由具有阻隔蒸汽渗入功能的材料组成的层,以阻隔外部蒸汽渗入室内。

2.1.24 蒸汽渗透率 water vapour permeance

水蒸气通过任何厚度的片状材料(或平行表面之间的组件)的扩散比率,即在单位压力下,在单位时间内通过单位面积的水蒸气量,常用单位是 $ng/(Pa \cdot s \cdot m^2)$。

2.1.25 马鞍形泛水 kick flashing

主要位于烟囱等和屋顶交接处,疏导烟囱周围雨水的小型屋顶结构。

2.1.26 复验 retesting

进入施工现场的材料、构(配)件等,在外观质量和证明文件核查满足要求的基础上,按照有关规定从施工现场抽取试样送至具备相应资质的检测单位进行的检测。

2.2 符 号

2.2.1 结构设计

1 作用和作用效应

Δ——剪力墙顶部水平位移;

v——每米长度上剪力墙顶部承受的水平剪力标准值;

V_{EKi}——第 i 层楼层水平地震剪力标准值;

G_j——第 j 层的重力荷载代表值;

Δu_e——多遇地震作用标准值产生的楼层内最大的弹性层间位移;

N_r——杆件轴向力;

M_1——楼盖、屋盖平面内的弯矩设计值;

M_2——楼盖、屋盖开孔长度内的弯矩设计值;

w——作用于楼盖、屋盖的侧向均布荷载设计值;

w_e——作用于楼盖、屋盖单侧的侧向荷载设计值;

M——风荷载及地震作用在剪力墙平面内产生的弯矩。

2 材料性能或结构的设计指标

$[\lambda]$——构件长细比限值;

$[\omega]$——受弯构件的挠度限值;

$[\theta_e]$——弹性层间位移角限值;

V——楼盖、屋盖抗剪承载力设计值;

f_{vd}——每米采用木基结构板材的楼盖、屋盖抗剪强度设计值。

3 几何参数

l_0——构件的计算长度;

λ——构件的长细比;

L_w ——平行于荷载方向的剪力墙墙肢长度；

l_w ——平行于荷载方向的单片剪力墙墙肢长度；

h_w ——单片剪力墙墙肢高度；

L_0 ——剪力墙两侧边界墙骨柱的中心距；

h ——计算楼层层高；

B ——平行于荷载方向的楼盖、屋盖宽度；

B_e ——垂直于荷载方向的楼盖、屋盖边界杆件中心距；

B_a ——平行于荷载方向的楼盖、屋盖的有效宽度；

B_0 ——平行于荷载方向的边界杆件中心距；

a ——垂直于荷载方向的开孔边缘到楼盖、屋盖边界杆件的距离；

b ——平行于荷载方向的开孔尺寸；

L ——垂直于荷载方向的楼盖、屋盖长度；

l ——垂直于荷载方向的开孔尺寸；

C ——桁架下弦最大悬臂长度；

S ——端部弦杆接触面水平投影总长度；

S_1 ——上、下弦杆接触面水平投影长度；

S_2 ——桁架端部加强杆件与上弦杆或下弦杆相接触面水平投影长度；

L_b ——用于支承桁架的支承面宽度。

4 结构或构件力学特性

k_d ——剪力墙单位长度水平抗侧刚度；

K ——楼层等效抗侧刚度；

G_a ——考虑厚度因素的木基结构板等效剪切刚度。

5 计算系数及其他

γ_{RE} ——构件承载力抗震调整系数；

α_1 ——相应于结构基本自振周期的水平地震影响系数值；

λ_v ——剪力系数；

n ——结构计算总层数；

γ_1——抗侧刚度的使用环境调整系数；

γ_2——剪力墙抗侧刚度的高宽比调整系数；

γ_3——无横撑水平覆板剪力墙刚度调整系数；

d_n——剪力墙达到抗剪承载力时,其一侧底部竖向变形；

k_1——抗剪承载力的使用环境调整系数；

k_2——抗剪承载力的骨架构件材料树种调整系数；

k_3——无横撑水平覆板剪力墙强度调整系数。

2.2.2 节能

F——居住建筑居住单元内净面积；

K_c——围护结构的传热系数。

2.2.3 隔声

$L_{n,w}$——计权规范化撞击声压级；

R_w——计权隔声量；

C——粉红噪声频谱修正量；

C_{tr}——交通噪声频谱修正量。

3 材 料

3.1 结构和构件材料

3.1.1 结构用规格材的材质等级应符合现行国家标准《木结构设计标准》GB 50005 和《轻型木结构用规格材目测分级规则》GB/T 29897 的有关规定。

3.1.2 木基结构板应符合现行国家标准《木结构覆板用胶合板》GB/T 22349、现行行业标准《定向刨花板》LY/T 1580 的有关规定;进口木基结构板应有认证标识、板材厚度以及板材的使用条件等说明。

3.1.3 胶合木应符合现行国家标准《木结构设计标准》GB 50005 和《结构用集成材》GB/T 26899 的有关规定;正交胶合木应符合现行行业标准《正交胶合木》LY/T 3039 的有关规定。

3.1.4 用于楼盖和屋盖的工字形木搁栅应符合现行国家标准《建筑结构用木工字梁》GB/T 28985 的有关规定;进口工字形木搁栅应有认证标识以及其他相关的说明文件。

3.1.5 结构复合木材的强度应满足设计要求;进口结构复合木材应有认证标识以及其他相关的说明文件。

3.1.6 轻型木结构中使用的钢材,宜采用 Q235 等级 B、C、D 的碳素结构钢,或 Q355 等级 B、C、D 的低合金高强度结构钢,其质量标准分别应符合现行国家标准《碳素结构钢》GB/T 700、《低合金高强度结构钢》GB/T 1591 和《冷弯薄壁型钢结构技术规范》GB 50018 等的规定;当有可靠根据时,可按专门规定的程序,采用其他牌号的钢材,且钢材强屈比不应小于 1.2,伸长率应大于20%;混合结构中钢结构使用的钢材,应符合现行国家标准《钢结构设计标准》GB 50017 和《建筑抗震设计规范》GB 50011 的有关规定。

3.1.7 钢构件焊接用的焊条,应符合现行国家标准《非合金钢及细晶粒钢焊条》GB/T 5117 的规定;焊条的型号应与主体金属力学性能相适应。

3.1.8 螺栓材料应符合现行国家标准《六角头螺栓》GB/T 5782 和《六角头螺栓　C级》GB/T 5780 的规定;钉材料应满足现行国家标准《紧固件机械性能》GB/T 3098 及其他相关国家标准要求。

3.1.9 钉应符合现行国家标准《钢钉》GB 27704 的规定。

3.1.10 金属连接件等应采用国家有关标准规定的材料;当有可靠依据时,可按专门规定的程序,采用其他材料。

3.1.11 长期暴露于潮湿环境的金属连接件、钢齿板及螺钉等应进行防腐蚀处理或采用不锈钢产品;用于连接防腐处理木材的金属连接件、钢齿板及螺钉等应采用热浸镀锌或不锈钢产品。

3.1.12 混合轻型木结构中,混凝土结构的普通钢筋宜采用 HPB300、HRB335、HRB400 级钢筋;钢筋和混凝土的强度、强度等级和弹性模量应符合现行国家标准《混凝土结构设计规范》GB 50010 的有关规定。

3.1.13 混合轻型木结构中,当砌块墙体为承重结构时,砌块和砂浆的强度等级及砌体的弹性模量应符合现行国家标准《砌体结构设计规范》GB 50003 的有关规定。

3.2 防火和节能材料

3.2.1 用于防火组件的石膏板应符合现行国家标准《建筑材料及制品燃烧性能分级》GB 8624 中有关不燃材料的规定,并应满足设计的耐火极限要求。

3.2.2 建筑节能工程中使用的材料、设备,应符合相关现行国家标准和产品标准的规定。

3.3 防护材料

3.3.1 外墙防护板应选择耐久、尺寸稳定的材料;防护板为吸水性材料时,应采用耐久性室外涂料降低其吸水性;外墙防护板的选材及安装也应满足相关防火要求。

3.3.2 外墙防水膜必须选择不透水材料,并保证其在设计使用年限内的正常使用,木结构外墙防水膜的蒸汽渗透率不应小于 $90 \text{ ng}/(\text{Pa} \cdot \text{s} \cdot \text{m}^2)$。

3.3.3 屋顶、屋顶露台和阳台的防水层和所有覆面材料必须耐冷热、耐老化,设计和安装应满足国家现行有关屋面工程技术规范的要求。

3.3.4 上人屋面及露台的柔性防水层所具备的强度,应能抵抗防水层上块体材料、细石混凝土等面层材料所施加的荷载和作用;所具备的耐久性应能保证部件在设计使用年限内的正常使用。

3.3.5 阳台防水膜作为阳台的承载覆面层使用时,宜选用以下材料或其他满足要求的防水膜材料:

   1 液态聚氨酯,凝固后厚度不应小于 1.5 mm,聚氨酯与木质阳台结构面板接合部位,宜添加纤维增强。

   2 聚氯乙烯板,厚度不应小于 1.5 mm,可直接铺设在有坡度的木质阳台结构面板上,在聚氯乙烯板结合部位,应用胶粘结并加热接缝密封。

3.3.6 接地混凝土楼板下面应铺设防潮层,防潮层可采用具有抗氧化功能的纯聚乙烯薄膜,最小厚度不应小于 0.25 mm;也可采用其他满足下列要求的材料:

   1 设计使用年限应与主体结构一致。

   2 蒸汽渗透率不宜大于 $90 \text{ ng}/(\text{Pa} \cdot \text{s} \cdot \text{m}^2)$。

   3 材料强度应能抵抗施工过程中所受的荷载和作用。

3.3.7 用于架空层和地下室混凝土底板下的防水层以及低于室外地坪的挡土墙外的连续防水层,可采用高分子防水卷材或防水涂料,其材料性能应符合相关的产品标准、设计标准和验收标准等的规定。

3.3.8 所有隔热材料必须满足相关防火要求,且对人体无害;用于架空层、地下室墙体内表面以及底层地面的隔热材料,应为不燃或难燃级;外墙、屋面所用的外保温材料必须防水、耐冷热、耐老化。

3.3.9 当采用防腐处理木材时,防腐剂应符合现行行业标准《木材防腐剂》LY/T 1635 的规定,防腐处理程度应符合现行行业标准《防腐木材的使用分类和要求》LY/T 1636 的规定;按相关现行国家标准评定的天然耐腐木材和天然抗白蚁木材的心材,在不与土壤、混凝土、砖石直接接触的条件下,可与防腐木材同等使用。

3.3.10 泛水板宜选用以下材料:镀锌钢板 0.7 mm;不锈钢钢板 0.6 mm;铝板 0.6 mm。

3.3.11 防虫网格栅孔径应小于 1 mm,所用材料应满足相关的防腐蚀等要求。

3.4 隔声材料

3.4.1 用于结构、防火、节能以及通风与空气调节等工程的材料,可用于隔声。

3.4.2 用于墙体内或楼盖空腔内的吸声材料,应按现行国家标准《声学混响室吸声测量》GB/T 20247 要求进行测试;测试时,测试频率至少应在 250 Hz 至 2 000 Hz 之间,降噪系数不应小于 0.80。

3.4.3 用于隔声的敛缝用料应为非硬化敛缝用料。

3.4.4 减振龙骨等应按现行国家标准《声学建筑和建筑构件隔声测量》GB/T 19889 进行测试,测试结果应满足相应要求。

4 设计基本规定

4.1 一般规定

4.1.1 本标准所采用的设计基准期为 50 年,木结构的设计使用年限应满足表 4.1.1 的要求。

表 4.1.1　木结构的设计使用年限

类别	设计使用年限	示例
1	5 年	临时性结构
2	25 年	易于替换的结构构件
3	50 年	普通房屋和构筑物
4	100 年及以上	标志性建筑和特别重要建筑结构

4.1.2 应根据建筑结构破坏后果的严重程度,按表 4.1.2 采用不同的安全等级。

表 4.1.2　建筑结构的安全等级

安全等级	破坏后果	建筑类型
一级	很严重	重要的建筑
二级	严重	一般的建筑
三级	不严重	次要的建筑

4.1.3 轻型木结构建筑中各类结构构件的安全等级,宜与整个结构的安全等级相同,对其中部分结构构件的安全等级,可根据重要程度适当调整,但不得低于三级;对于有特殊要求的建筑、文物建筑和优秀历史建筑,其安全等级可根据具体情况另行规定。

4.1.4 承载能力极限状态设计中,结构重要性系数 γ_0 应按现行国家标准《建筑结构可靠性设计统一标准》GB 50068 的相关规定采用。

4.1.5 轻型木结构体系的抗震设防类别应根据现行国家标准《建筑工程抗震设防分类标准》GB 50223 的规定确定。

4.1.6 考虑抗震设计的极限状态中,结构构件承载力抗震调整系数 γ_{RE} 可按表 4.1.6 取用;对于楼、屋面结构上设置的围护墙、隔墙、幕墙、装饰贴面和附属机电设备等非结构构件,及其与结构主体的连接,应进行抗震设计;非结构构件抗震验算时,连接件的承载力抗震调整系数 γ_{RE} 取为 1.0。

表 4.1.6　承载力抗震调整系数

构件名称	系数
柱、梁	0.80
各类构件(偏拉、受剪)	0.85
连接件	0.90

4.1.7 对轻型木结构建筑中各构件进行抗风验算时,应符合下列规定:

　1 主体结构计算时,风荷载作用面积应取垂直于风向的最大投影面积。

　2 横风向振动效应或扭转风振效应明显的多层轻型木结构建筑,应考虑横风向风振或扭转风振的影响。

　3 木墙板中外墙墙骨柱应考虑风荷载效应组合,并按两端铰接的压弯构件设计。

　4 在验算屋盖与下部结构连接部位的连接件强度时,应对风荷载和地震作用引起的侧向力以及风荷载引起的上拔力乘以1.2 倍的放大系数。

　5 风荷载作用下,轻型木结构的外墙所分配到的水平剪力宜乘以 1.2 的调整系数。

4.1.8 当结构自重不足以抵抗由地震荷载产生的倾覆力矩和上

拔力时,轻型木结构建筑的设计应采取提高建筑抗风能力的有效措施:

    1 在楼盖、屋盖、挑檐等与结构竖向受力构件连接处,应设置抗拉金属连接件。

    2 轻型木结构剪力墙两端与基础连接处,应设置抗拔锚固件。

4.1.9 本标准中未涵盖的轻型木结构建筑或结构构件的新型、特殊设计及施工方法,在采取可靠理论分析、可信试验结果证明其抗震性能及抗风性能的安全性、适用性、有效性后方可采用。

4.2 结构体系和平面布置

4.2.1 轻型木结构体系应具备必要的刚度和承载力、良好的变形能力和耗能能力,具有明确的计算简图和合理连续的荷载传递途径,构件之间应有可靠的连接,避免因部分结构或构件的破坏导致整个结构丧失承受重力荷载、风荷载和地震作用的能力。

4.2.2 轻型木结构体系应满足下列要求:

    1 平面布置宜简单、规则,减少偏心,楼面宜连续,不宜有较大凹入或开洞。

    2 竖向布置宜规则、均匀,不宜有过大的外挑和内收;结构的侧向刚度在相邻楼层不宜有突变,结构竖向抗侧力构件宜上下对齐。

    3 结构宜具备整体性和牢固性,薄弱部位应采取措施提高抗震能力。

    4 当建筑平面形状复杂、各部分高度差异大或楼层荷载相差悬殊时,可设置防震缝,防震缝的最小宽度不应小于100 mm。

    5 当墙体或楼盖、屋盖被削弱时,应对墙体或楼盖、屋盖采取加强措施。

    6 挑檐、烟囱、女儿墙等非结构构件应采用有效措施与结构主体可靠连接。

4.2.3 轻型木结构墙段最小长度宜满足表4.2.3的要求;当墙肢长度不满足表4.2.3的要求时,应采取局部加强措施弥补。

表 4.2.3 房屋的局部尺寸限值(m)

部位	最小长度
承重窗间墙最小长度	0.6 m 和 1/4 墙高的较大值
承重与非承重外墙尽端到门窗洞边的最小距离	
内墙阳角到门窗洞边的最小距离	
底层车库门或大门洞尽端墙最小宽度	

4.2.4 按工程设计法设计的结构,当出现表4.2.4中的一种或多种情况时,结构应定为不规则结构。

表 4.2.4 不规则结构

不规则的类型	不规则的定义
扭转不规则	楼层最大弹性水平位移(或层间位移)大于该楼层两端弹性水平位移(或层间位移)平均值的1.2倍,为扭转不规则;大于该楼层两端弹性水平位移(或层间位移)平均值的1.4倍,为扭转特别不规则
上下楼层抗侧力单元不连续	上下层抗侧力单元之间的平面错位大于楼盖搁栅高度的4倍或平面错位大于1.2 m;或同一垂直平面内的上下层抗侧力单元错位
楼层抗侧力突变	抗侧力结构的层间受剪承载力小于相邻上一楼层的65%
竖向不规则	包括侧向刚度不规则、竖向抗侧力构件不连续和楼层承载力突变三种类型
平面凹凸不规则	结构平面凹进或凸出的长度大于相应投影方向总尺寸的30%,且凹进或凸出的宽度小于凹进或凸出长度约15%
楼板开洞不规则	楼板的开洞面积大于该层楼板面积的30%

4.2.5 按构造设计法设计的结构,当出现以下任一种不规则状态时,建筑应采用工程设计法进行抗侧力设计。

1 上下层构造剪力墙外墙之间的平面错位大于4倍楼盖搁

栅高度或 1.2 m(图 4.2.5-1)。

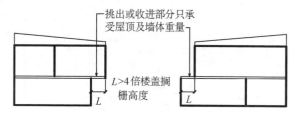

图 4.2.5-1　外墙平面错位

2 支撑楼盖、屋盖四周的一边没有构造剪力墙(图 4.2.5-2a)。但构造剪力墙距外边缘不大于 1 800 mm 的单层车库,或顶层楼盖、屋盖这两种情况除外(图 4.2.5-2b)。

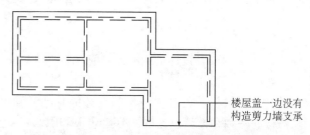

图 4.2.5-2a　构造剪力墙距外边缘≤1 800 mm

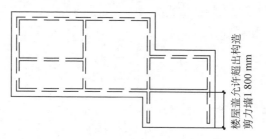

图 4.2.5-2b　楼盖一边无侧向支撑

3 楼盖错层高度大于楼盖搁栅的高度(图 4.2.5-3)。

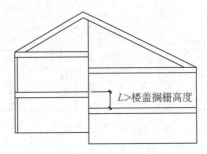

图 4.2.5-3　楼盖错层

4　楼盖、屋盖开洞面积大于互相正交的支撑剪力墙围合面积的 30%,或开洞后有效楼板宽度小于该层楼板典型宽度的 50%。

4.3　设计指标和允许值

4.3.1　结构用木材、机械分级规格材的设计值及已经确定的目测分级规格材的树种和设计值见本标准附录 A 和附录 B。

4.3.2　受弯构件的挠度应不超过表 4.3.2 的限值。

表 4.3.2　受弯构件的挠度限值

项次	构件类型		挠度限值 ω
1	檩条	$l \leqslant 3.3$ m	$l/200$
		$l > 3.3$ m	$l/250$
2	椽条		$l/150$
3	吊顶中的受弯构件		$l/250$
4	楼盖梁和搁栅		$l/250$
5	墙骨柱	刚性贴面(如砖、石等)	$l/360$
		柔性贴面	$l/250$

注:l 为受弯构件的计算跨度,对于悬臂构件为悬臂长度的 2 倍。

4.3.3 轻型木桁架的变形应不超过表4.3.3的限值。

表4.3.3　轻型木桁架的变形限值

变形部位			用途	
			屋盖	楼盖
竖向允许变形限值		上弦节间	$s/180$	$s/180$
		下弦节间	$s/360$	$s/360$
		桁架悬臂b	$b/120$	$b/120$
		弦杆悬挑a	$a/120$	不适用
		桁架下弦节点或节间最大竖向变形	$L/180$	$L/180$
			$L/360$	$L/360$
	桁架下有吊顶时，节点或节间	灰泥或石膏板吊顶	$L/360$	$L/360$
		其他吊顶	$L/240$	$L/360$
		无吊顶	$L/240$	$L/360$
水平允许变形限值		铰支座处	25 mm	

注：1　上、下弦节间变形是指相对于节端的局部变形。
　　2　表中几何尺寸s、a、b、L取值见图4.3.3。

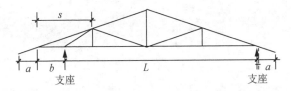

图4.3.3　桁架几何尺寸取值示意图

4.3.4 受压构件的长细比应不超过表4.3.4的限值。

表4.3.4　受压构件长细比限值

项次	构件类型	长细比限值λ
1	结构的主要构件（包括桁架的弦杆、支座处的竖杆和斜杆以及承重柱等）	120
2	一般构件	150

4.3.5 轻型木结构在风荷载和多遇地震作用下的弹性层间位移角不宜超过 1/250;混合轻型木结构中以其他材料为主要抗侧力构件的结构,其水平位移限值应符合国家现行有关标准的规定。

4.3.6 轻型木结构楼盖的竖向峰值加速度宜符合现行行业标准《建筑楼盖结构振动舒适度标准》JGJ/T 441 的规定。

4.3.7 轻型木结构楼盖由振动起控制作用时,搁栅的跨度可按本标准附录 C 的规定计算。

5 荷载、作用及其效应计算

5.1 一般规定

5.1.1 轻型木结构的结构分析模型应符合工程实际情况;所采用的近似假定和模型简化,应有理论、试验依据及工程实践经验。

5.1.2 在竖向荷载、风荷载以及多遇地震作用下,轻型木结构的内力和变形可采用弹性方法计算;在罕遇地震作用下,轻型木结构的弹塑性变形可采用弹塑性时程分析法或静力弹塑性分析法计算;剪力墙恢复力模型应根据试验确定。

5.1.3 有单边挑廊、阳台等悬挑结构的房屋,应考虑其对房屋内力及变形的不利影响,并应满足房屋的抗倾覆稳定要求;同时应对搁栅或挑梁支承面的局部承压承载力进行验算。

5.1.4 附着于楼、屋面结构上的非结构构件,含围护墙、隔墙、幕墙、装饰贴面和附属机电设备系统等,及其与结构主体的连接,应进行抗震、抗风设计;非结构构件的承载力抗震调整系数应按本标准第 4.1.6 条采用。

5.2 作 用

5.2.1 轻型木结构设计应考虑永久荷载、可变荷载、施工荷载、地震作用等,按承载能力极限状态和正常使用极限状态分别进行荷载(效应)组合,并应取各自的最不利的效应组合进行设计。

5.2.2 轻型木结构荷载取值应按现行国家标准《建筑结构荷载规范》GB 50009 的规定采用。

5.2.3 进行风荷载效应计算时,按工程设计法进行设计的轻型木结构建筑,应至少按两个方向计算风荷载效应;抗侧体系复杂的建筑,应考虑风向角的不利影响。

5.2.4 对于建筑高度大于 20 m 的轻型木结构,当按承载能力极限状态进行设计时,基本风压值应乘以 1.1 倍的放大系数。

5.3 地震作用计算和结构抗震验算

5.3.1 轻型木结构的地震作用计算,应符合下列规定:

1 应在结构的两个主轴方向分别计算水平地震作用并进行抗震验算,各方向的水平地震作用应由该方向的抗侧力构件承担。

2 有斜交抗侧力构件的结构,当相交角度大于 15°时,应分别计算各抗侧力构件方向的水平地震作用。

3 当结构为扭转不规则时,应按本章第 5.3.10 条规定计入双向水平地震作用下的扭转影响;其他情况,可采用调整地震作用效应的方法计入扭转影响。

5.3.2 轻型木结构的地震作用计算,应符合下列规定:

1 不大于 3 层的轻型木结构建筑,除扭转特别不规则或楼层抗侧力突变外,可按本章第 5.3.4 条规定采用底部剪力法进行抗震计算;扭转特别不规则或楼层抗侧力突变时,应按现行上海市工程建设规范《建筑抗震设计标准》DGJ 08—9 的有关规定采用振型分解反应谱法或时程分析法进行抗震计算,其中剪力墙抗侧刚度可按表 6.1.27-1 确定。

2 大于 3 层的轻型木结构建筑,宜采用振型分解反应谱法进行抗震计算;当质量和刚度不对称、不均匀时,应采用考虑扭转耦联振动影响的振型分解反应谱法进行抗震计算;高度不超过 20 m、以剪切型变形为主且质量和刚度沿高度分布比较均匀时,可采用底部剪力法进行抗震计算。

3 当采用振型分解反应谱法时,考虑组合所有模态的参与质量不应小于有效总质量的 90%。

5.3.3 支撑上下楼层不连续抗侧力单元的梁、柱或楼盖,其地震组合作用效应应乘以 1.15 放大系数。

5.3.4 轻型木结构建筑采用底部剪力法进行水平地震作用计算时,应符合下列规定:

1 各楼层可仅取一个自由度。

2 各楼层计算高度,应按现行上海市工程建设规范《建筑抗震设计标准》DGJ 08—9 的有关规定取用。

3 相应于结构基本自振周期的水平地震影响系数值 α_1,对于一般轻型木结构建筑可取 $\alpha_1 = \alpha_{max}$。

5.3.5 计算地震作用时,建筑的重力荷载代表值应取结构及构件自重标准值和各可变荷载组合值之和,各可变荷载的组合值系数应按表 5.3.5 采用。

表 5.3.5　组合值系数

可变荷载种类	组合值系数
雪荷载	0.5
屋面活荷载	不计入
按实际情况计入的楼面活荷载	1.0
按等效均布荷载计算的楼面活荷载	0.5

5.3.6 建筑结构的地震影响系数应根据烈度、场地类别、结构自振周期以及阻尼比确定,其水平地震影响系数最大值应按表 5.3.6 采用。

表 5.3.6　水平地震影响系数最大值

地震影响	7 度
多遇地震	0.08
设防地震	0.23
罕遇地震	0.45

5.3.7 在多遇地震验算时,轻型木结构阻尼比可取 0.03,其他结构可取 0.05;在罕遇地震验算时,结构阻尼比可取 0.05。

5.3.8 轻型木结构抗震验算,应符合下列规定:

1 按工程设计法设计的轻型木结构和上下混合木结构房屋应按现行上海市工程建设规范《建筑抗震设计标准》DGJ 08—9 的规定进行多遇地震下的截面抗震验算。

2 采用隔震设计或其他新型抗震体系设计的轻型木结构建筑,其抗震验算应符合有关规定。

5.3.9 抗震验算时,结构各楼层的最小水平地震剪力应满足下式要求:

$$V_{EKi} > \lambda_v \sum_{j=1}^{n} G_j \qquad (5.3.9)$$

式中:V_{EKi} ——第 i 层楼层水平地震剪力标准值;

λ_v ——剪力系数,7 度时取 0.016,对于竖向不规则结构的薄弱层尚应乘以 1.15 的放大系数;

G_j ——第 j 层的重力荷载代表值;

n ——结构计算总层数。

5.3.10 轻型木结构在考虑地震作用下的扭转影响时,应按下列规定计算地震作用:

1 当结构为一般不规则结构时,可不进行扭转耦联计算,平行于地震作用方向的两个边榀的地震作用效应应乘以放大系数;一般情况下,短边可按 1.15、长边可按 1.05 采用;当扭转刚度较小时,宜按不小于 1.3 采用。

2 当结构为特别不规则结构时,应按扭转耦联振型分解法计算,各楼层可取 2 个正交的水平位移和 1 个转角共 3 个自由度,并按现行上海市工程建设规范《建筑抗震设计标准》DGJ 08—9 的有关规定进行地震作用和作用效应计算。

3 对于具有薄弱层的轻型木结构建筑,薄弱层剪力应乘以放大系数 1.15。

5.3.11 轻型木结构宜进行多遇地震下的抗震变形验算,其楼层内最大的弹性层间位移应满足下式要求:

$$\Delta u_e \leqslant [\theta_e]h \qquad (5.3.11)$$

式中:Δu_e——多遇地震作用标准值产生的楼层内最大的弹性层间位移;计算时,应计入不规则结构的扭转变形,各作用分项系数均应采用 1.0;轻型木结构抗侧力构件的抗侧刚度可按本章第 6.1.27 条的规定取值。

$[\theta_e]$——弹性层间位移角限值,应满足本标准第 4.3.5 条的要求;在有充分依据或试验研究成果的基础上可适当放宽。

h ——计算楼层层高,取相邻楼层面板之间的高度。

6 结构设计与构造

6.1 轻型木结构设计

Ⅰ 一般规定

6.1.1 按工程设计法设计的楼盖、屋盖和墙体应进行平面内以及平面外荷载作用下的承载力设计和变形验算;支承墙骨柱的顶、底(地)梁板应进行局部承压验算。

6.1.2 按构造设计法设计的剪力墙应满足最小长度、布置和构造要求。

6.1.3 按构造设计法设计的楼盖、屋盖和剪力墙应进行竖向荷载作用下的承载力设计和变形验算;必要时,剪力墙还应考虑平面外荷载的作用。

6.1.4 剪力墙应与楼盖、屋盖或基础可靠连接。

Ⅱ 设计方法

6.1.5 当满足以下条件时,设计使用年限50年以内(含50年)的安全等级为二、三级的轻型木结构和上部混合木结构的抗侧力设计可按构造设计法设计;其他的轻型木结构和混合轻型木结构的抗侧力设计应按工程设计法进行:

    1 建筑每层面积不超过600 m²。

    2 整幢建筑总高度不超过3层并且楼层最大高度不超过3.6 m。

    3 建筑高宽比不超过1.2。

    4 屋面桁架、椽条、楼面梁和桁架等竖向荷载承重结构或构件水平投影净跨不超过12.0 m。

5 屋顶坡度不超过 1∶1,且不小于 1∶12;纵墙挑檐不超过 1.2 m;山墙边缘屋顶的挑出长度不超过 0.4 m。

6 楼面和屋面标准活荷载标准值分别不超过 2.5 kN/m² 和 0.5 kN/m²。

7 除了专门设置的梁和柱以外,轻型木结构墙骨柱中心间距不大于 600 mm。

8 结构平面、立面规则不超出本标准第 4.2.4 条的限值。

6.1.6 构造剪力墙的最小长度应符合表 6.1.6-1 和表 6.1.6-2 的规定。

表 6.1.6-1　按抗震构造要求设计时剪力墙的最小长度

抗震设防烈度		最大允许层数	木基结构板材剪力墙最大间距(m)	剪力墙的最小长度(m)		
				单层、二层或三层的顶层	二层的底层或三层的二层	三层的底层
7 度	0.10g	3	10.6	0.05A	0.09A	0.14A

注:1　表中 A 指建筑的最大楼层面积(m²)。

　　2　表中剪力墙的最小长度以墙体一侧采用 9.5 mm 厚木基结构板材作面板、150 mm 钉距的剪力墙为基础;当墙体两侧均采用木基结构板材作面板时,剪力墙的最小长度为表中规定长度的 50%;当墙体两侧均采用石膏板作面板时,剪力墙的最小长度为表中规定长度的 200%。

　　3　对于其他形式的剪力墙,其最小长度可按表中数值乘以 $3.5/f_{vd}$ 确定,f_{vd} 为其他形式的剪力墙抗剪强度设计值。

　　4　位于基础顶面和底层之间的架空层剪力墙的最小长度应与底层规定相同。

　　5　当楼面有混凝土面层时,表中剪力墙的最小长度应增加 20%。

表6.1.6-2 按抗风构造要求设计时剪力墙的最小长度

基本风压(kN/m²) 地面粗糙度				最大允许层数	木基结构板材剪力墙最大间距(m)	剪力墙的最小长度(m)		
A	B	C	D			单层、二层或三层的顶层	二层的底层 三层的二层	三层的底层
—	0.30	0.40	0.50	3	10.6	0.34L	0.68L	1.03L
—	0.35	0.50	0.60	3	10.6	0.40L	0.80L	1.20L
0.35	0.45	0.60	0.70	3	7.6	0.51L	1.03L	1.54L
0.40	0.55	0.75	0.80	2	7.6	0.62L	1.25L	—

注:1 表中L指垂直于该剪力墙方向的建筑长度(m)。

2 表中剪力墙的最小长度以墙体一侧采用9.5mm厚木基结构板材作面板,150mm钉距的剪力墙为基础;当墙体两侧均采用木基结构板材作面板时,剪力墙的最小长度为表中规定长度的50%;当墙体两侧均采用石膏面板时,剪力墙的最小长度为表中规定长度的200%。

3 对于其他形式的剪力墙,其最小长度可按表中数值乘以$3.5/f_{vt}$确定,f_{vt}为其他形式的剪力墙抗剪强度设计值。

6.1.7 构造剪力墙的设置应符合图 6.1.7 的规定。

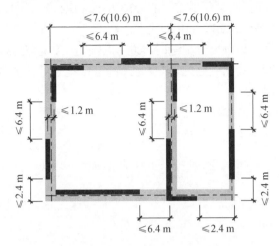

图 6.1.7 构造剪力墙平面布置要求

6.1.8 对于可按构造设计法设计的轻型木结构和混合轻型木结构,当结构局部单元超出第 6.1.6 条、第 6.1.7 条的要求且不引起结构整体问题时,该局部单元的抗侧力设计应按工程设计法进行。

6.1.9 采用构造设计法进行抗侧力设计的结构,其墙体、楼盖、屋盖构造以及相互之间的连接等应满足本章的构造要求。

6.1.10 当楼盖及支撑楼盖的剪力墙满足以下条件时,楼层水平力可按第 6.1.12 条规定的面积分配法由剪力墙承担:

1 轻型木楼盖表面没有连续的混凝土面层,或为厚度不大于 40 mm 非结构性混凝土面层。

2 竖向抗侧构件为由木基结构板材和墙骨柱组成的木剪力墙。

6.1.11 具有属于本标准第 4.2.4 条和第 4.2.5 条中不规则的建筑,楼层水平力应按第 6.1.13 条规定的刚度分配法由剪力墙承担。

6.1.12 当采用面积分配法时,楼层水平力按抗侧力构件从属面积的比例分配,此时水平剪力的分配可不考虑扭转影响;其中,对较长墙体宜乘以 1.05～1.10 放大系数。

6.1.13 当采用刚度分配法时,楼层水平力应按抗侧力构件层间等效抗侧刚度的比例分配,同时应计入扭转效应对各抗侧力构件的附加作用。

6.1.14 风荷载作用下,轻型木结构的边缘墙体所分配到的水平剪力宜乘以 1.2 的调整系数。

Ⅲ 楼盖、屋盖平面内荷载作用下的设计

6.1.15 楼盖、屋盖抗剪承载力设计值可按下式计算:

$$V = f_{vd} k_1 k_2 B_e \quad (6.1.15)$$

式中:f_{vd}——采用木基结构板材的楼盖、屋盖抗剪强度设计值(kN/m),见表 6.1.15。

k_1——抗剪承载力的使用环境调整系数。当建筑处于干燥使用环境时,$k_1=1.0$;当建筑处于潮湿使用环境时,$k_1=0.67$。

k_2——骨架构件材料树种调整系数。花旗松-落叶松类及南方松,$k_2=1.0$;铁-冷杉类,$k_2=0.9$;云杉-松-冷杉类,$k_2=0.8$;其他北美树种,$k_2=0.7$;未列出的树种可参考密度相近的上述所列树种。

B_e——平行于荷载方向的楼盖、屋盖的有效宽度(m),见图 6.1.15-1。

当 $a<600$ mm,$B_e=B-b$;

当 $a \geqslant 600$ mm,$B_e=B$。

其中:B——平行于荷载方向的楼盖、屋盖宽度(m);

b——平行于荷载方向的开孔尺寸(m),不应大于 $B/2$ 和 3.5 m 的较小值。

表6.1.15　采用木基结构板的楼盖和屋盖抗剪强度设计值

面板最小名义厚度 (mm)	钉入骨架构件的最小深度 (mm)	钉直径 (mm)	骨架构件最小宽度 (mm)	抗剪强度设计值 f_{vd} (kN/m)					
				有填块				无填块	
				平行于荷载的面板边缘连续的情况下(3型和4型)，面板边缘钉的间距(mm) / 在其他情况下(1型和2型)，面板边缘钉的间距(mm)				荷载与面板连续边垂直的情况下(1型)	面板边缘钉间距为150 mm，所有其他情况下(2型、3型、4型)
				150 / 150	100 / 150	65 / 100	50 / 75		
9.5	31	2.84	38	3.3	4.5	6.7	7.5	3.0	2.2
			64	3.7	5.0	7.5	8.5	3.3	2.5
9.5	38	3.25	38	4.3	5.7	8.6	9.7	3.9	2.9
			64	4.8	6.4	9.7	10.9	4.3	3.2
11.0	38	3.25	38	4.5	6.0	9.0	10.3	4.1	3.0
			64	5.1	6.8	10.2	11.5	4.5	3.4
12.5	38	3.25	38	4.8	6.4	9.5	10.7	4.3	3.2
			64	5.4	7.2	10.7	12.1	4.7	3.5
12.5	41	3.66	38	5.2	6.9	10.3	11.7	4.5	3.4
			64	5.8	7.7	11.6	13.1	5.2	3.9

续表6.1.15

面板最小名义厚度(mm)	钉入骨架构件的最小深度(mm)	钉直径(mm)	骨架构件最小宽度(mm)	抗剪强度设计值 f_{vd} (kN/m)					
				有填块				无填块	
				平行于荷载的面板边缘连续的情况下(3型和4型),面板边缘钉的间距(mm)				荷载与面板连续边垂直的情况下(1型),面板边缘钉的最大间距为150mm	所有其他情况下(2型,3型,4型)
				150	100	65	50		
				在其他情况下(1型和2型),面板边缘钉的间距(mm)					
				150	150	100	75		
15.5	41	3.66	38	5.7	7.6	11.4	13.0	5.1	3.9
			64	6.4	8.5	12.9	14.7	5.7	4.3
18.5	41	3.66	64	—	11.5	16.7	—	—	—
			89	—	13.4	19.2	—	—	—

注:1 表中数值为在干燥使用条件下,标准荷载持续时间下的抗剪强度;当考虑风荷载和地震作用时,表中抗剪强度应乘以调整系数1.25。

2 当钉的间距小于50mm时,位于面板拼缝处的骨架构件的宽度不得小于64mm,可采用2根38mm宽的构件组合在一起传递剪力。

3 当直径为3.66mm的钉的间距小于75mm时,位于面板拼缝处的骨架构件的宽度不得小于64mm,钉应错开布置;可采用2根38mm宽的构件组合在一起传递剪力。

4 当采用射钉或非标准钉时,表中抗剪承载力应乘以折算系数(d_1/d_2),其中,d_1为非标准钉的直径,d_2为表中标准钉的直径。

5 当钉的直径为3.66mm,面板最小名义厚度为18mm时,需布置两排钉。

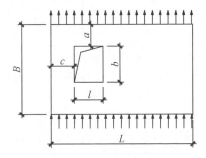

图 6.1.15-1 楼(屋)盖计算简图

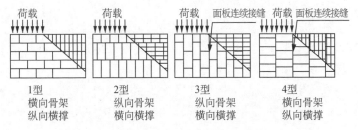

图 6.1.15-2 楼盖、屋盖的构造类型

6.1.16 垂直于荷载方向的楼盖、屋盖的边界杆件和其连接件的轴向力应按下列公式计算:

$$N_r = \frac{M_1}{B_a} \pm \frac{M_2}{a} \qquad (6.1.16-1)$$

式中:M_1——楼盖、屋盖平面内的弯矩设计值(kN·m);

B_a——垂直于荷载方向的楼盖、屋盖边界杆件中心距(m);

M_2——楼盖、屋盖开孔长度内的弯矩设计值(kN·m);

a——垂直于荷载方向的开孔边缘到楼盖、屋盖边界杆件的距离,$a \geqslant 0.6$ m。

受均布荷载的简支楼盖、屋盖,其弯矩设计值 M_1 和 M_2 分别为

$$M_1 = \frac{wL^2}{8} \qquad (6.1.16-2)$$

$$M_2 = \frac{w_e l^2}{12} \qquad (6.1.16\text{-}3)$$

式中：w——作用于楼盖、屋盖的侧向均布荷载设计值(kN/m)；

$\quad w_e$——作用于楼盖、屋盖单侧的侧向荷载设计值(kN/m)，一般为侧向均布荷载 w 的一半；

$\quad L$——垂直于荷载方向的楼盖、屋盖长度(m)；

$\quad l$——垂直于荷载方向的开孔长度(m)，不得大于 $B/2$ 和 3.5 m 的较小值。

6.1.17 平行于荷载方向的楼盖、屋盖的边界杆件，在剪力墙墙肢边缘处应进行承载力验算。

6.1.18 楼盖、屋盖边界杆件应连续；当楼盖、屋盖边界杆件不连续时，应设置连杆，不应用楼盖、屋盖面板来传递边界杆件的轴力；连杆及其节点应进行承载力验算。

6.1.19 当楼盖、屋盖上洞口尺寸 b 和 l 大于第 6.1.15 条和第 6.1.16 条中的要求时，应验算开洞周围的构件及其连接。

Ⅳ 楼盖、屋盖平面外荷载作用下的设计

6.1.20 楼盖、屋盖平面外的荷载应由楼盖、屋盖搁栅承担，不宜考虑搁栅与楼盖、屋盖面板的共同作用；作用在搁栅上的荷载应根据构件的从属面积确定。

6.1.21 当楼盖、屋盖搁栅的两端由墙、过梁或梁支承时，搁栅宜按两端简支受弯构件进行设计。

6.1.22 当由搁栅支承的墙体与搁栅跨度方向垂直，并离搁栅支座的距离小于搁栅截面高度时，搁栅的剪切验算可忽略该墙体产生的作用荷载。

6.1.23 楼盖、屋盖搁栅在支座处应进行局部承压验算。

6.1.24 楼盖搁栅设计时应考虑楼盖的振动控制，可按本标准附录 C 的规定进行搁栅的振动验算。

6.1.25 设计悬挑楼盖搁栅以及与支座的连接时，应考虑活荷载的最不利组合;相应的非悬挑部分长度应满足本章的构造要求。

6.1.26 短搁栅和封头搁栅与楼盖搁栅的连接宜采用金属连接件(图 6.1.26),连接节点应进行承载力验算。

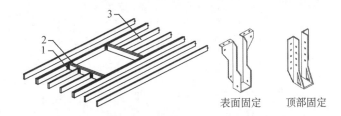

表面固定　　　顶部固定

1—金属连接件;2—封头搁栅;3—短搁栅

图 6.1.26 开洞楼盖搁栅连接示意图

V 剪力墙平面内荷载作用下的设计

6.1.27 剪力墙的抗剪承载力设计值应按下式计算:

$$V = \sum f_{vd} k_1 k_2 k_3 L_W \qquad (6.1.27)$$

式中:f_{vd}——单面采用木基结构板材的剪力墙的抗剪强度设计值
(kN/m),按表 6.1.27-1 的规定取值。

L_W——平行于荷载方向的剪力墙墙肢长度(m)。

k_1——使用环境调整系数。当建筑处于干燥使用环境时,
$k_1 = 1.0$;当建筑处于潮湿使用环境时,$k_1 = 0.67$。

k_2——骨架构件材料树种的调整系数。花旗松-落叶松类
及南方松,$k_2 = 1.0$;铁-冷杉类,$k_2 = 0.9$;云杉-松-
冷杉类,$k_2 = 0.8$;其他北美树种,$k_2 = 0.7$;未列出
的树种可参考密度相近的上述所列树种。

k_3——强度调整系数,仅用于无横撑水平覆板的剪力墙,按
表 6.1.27-2 的规定取值。

表 6.1.27-1 采用木基结构板的剪力墙抗剪强度设计值 f_{vd} 和抗剪刚度 K_w

面板最小名义厚度 (mm)	钉入骨架构件的最小深度 (mm)	钉直径	面板边缘钉的间距 (mm)												
			150			100			75			50			
			f_{vd} (kN/m)	K_w (kN/m)		f_{vd} (kN/m)	K_w (kN/m)		f_{vd} (kN/m)	K_w (kN/m)		f_{vd} (kN/m)	K_w (kN/m)	
				OSB	PLY		OSB	PLY		OSB	PLY		OSB	PLY
9.5	31	2.84	3.5	1.9	1.5	5.4	2.6	1.9	7.0	3.5	2.3	9.1	5.6	3.0
9.5	38	3.25	3.9	3.0	2.1	5.7	4.4	2.6	7.3	5.4	3.0	9.5	7.9	3.5
11.0	38	3.25	4.3	2.6	1.9	6.2	3.9	2.5	8.0	4.9	3.0	10.5	7.4	3.7
12.5	38	3.25	4.7	2.3	1.8	6.8	3.3	2.3	8.7	4.4	2.6	11.4	6.8	3.5
12.5	41	3.66	5.5	3.9	2.5	8.2	5.3	3.0	10.7	6.5	3.3	13.7	9.1	4.0
15.5	41	3.66	6.0	3.3	2.3	9.1	4.6	2.8	11.9	5.8	3.2	15.6	8.4	3.9

注：1 表中 OSB 为定向木片板，PLY 为结构胶合板。

2 表中抗剪强度和刚度为钉连接的木基结构板材的面板，在干燥使用条件下标准荷载持续时间的值；当考虑风荷载和地震作用时，表中抗剪强度应乘以调整系数 1.25。

3 当钉的间距小于 50 mm 时，位于面板拼缝处的骨架构件的宽度不应小于 64 mm，钉错开布置；可采用 2 根 40 mm 宽的构件组合在一起传递剪力。

4 当钉直径为 3.66 mm 的钉的间距小于 75 mm 或钉入骨架构件的深度小于 41 mm 时，位于面板拼缝处的骨架构件的宽度不应小于 64 mm，钉应错开布置；可采用 2 根 40 mm 宽的构件钉连接在一起传递剪力。

5 当剪力墙面板采用射钉或非标准钉连接时，表中抗剪承载力应乘以折算系数 (d_1/d_2)；其中，d_1 为非标准钉的直径，d_2 为表中标准钉的直径。

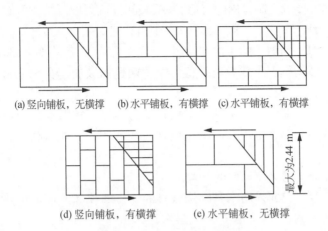

(a) 竖向铺板，无横撑 (b) 水平铺板，有横撑 (c) 水平铺板，有横撑

(d) 竖向铺板，有横撑 (e) 水平铺板，无横撑

图 6.1.27 覆面板的铺设方式

表 6.1.27-2 无横撑水平铺设面板的剪力墙强度调整系数 k_3

边支座上钉的 间距(mm)	中间支座上钉的 间距(mm)	墙骨柱间距(mm)			
		300	400	500	600
150	150	1.0	0.8	0.6	0.5
150	300	0.8	0.6	0.5	0.4

注：墙骨柱柱间无横撑剪力墙的抗剪强度，可将有横撑剪力墙的抗剪强度乘以抗剪
调整系数；有横撑剪力墙的面板边支座上钉的间距为 150 mm，中间支座上钉的
间距为 300 mm。

6.1.28 剪力墙墙肢两侧边界杆件的轴力应按下式计算：

$$N_r = \frac{M}{L_0} \qquad (6.1.28)$$

式中：M ——侧向荷载在剪力墙墙肢平面内产生的弯矩(kN·m)；

L_0 ——剪力墙墙肢两侧边界构件的中心距(m)。

6.1.29 剪力墙墙肢应进行抗倾覆验算；墙体与基础应采用金属
连接件连接。

6.1.30 当剪力墙中洞口宽度不大于 600 mm，洞口高度不大于

1 200 mm,且洞口周围有墙骨柱加强时,剪力墙可按无洞口剪力墙设计。

6.1.31 当剪力墙中洞口尺寸大于第 6.1.30 条的规定时,开洞剪力墙的抗剪承载力设计值为开洞两侧墙肢的抗剪承载力设计值之和。

6.1.32 双面采用木基结构板材的剪力墙的抗剪承载力设计值应为两个单面采用木基结构板材的剪力墙的抗剪承载力设计值之和。

6.1.33 剪力墙墙肢的高宽比不应大于3.5。

6.1.34 单面采用木基结构板材的剪力墙顶部的水平位移应按下式计算:

$$\Delta = \frac{VH_w^3}{3EI} + \frac{MH_w^2}{2EI} + \frac{VH_w}{LK_w} + \frac{H_w d_a}{L} + \theta_i H_w \quad (6.1.34)$$

式中:Δ——剪力墙顶部位移总和(mm);

   V——剪力墙顶部最大剪力标准值(N);

  H_w——剪力墙高度(mm);

   M——剪力墙顶部最大弯矩标准值(N·mm);

   I——剪力墙两端墙骨柱转换惯性矩(mm⁴);

   E——剪力墙两端墙骨柱弹性模量(N/mm²);

   L——剪力墙长度(mm);

  K_w——剪力墙剪切刚度(N/mm),包括木基结构板剪切和钉的滑移变形;

   d_a——由剪力和弯矩引起墙体紧固件的竖向伸长变形,包括抗拔紧固件的滑移、抗拔紧固件的伸长、由连接板引起的木材横纹局部受压变形等;

   θ_i——第 i 层剪力墙底部的转角,为该层及以下各层转角的累加。

Ⅵ 剪力墙竖向及平面外荷载作用下的设计

6.1.35 剪力墙竖向及平面外的荷载应由墙骨柱承担,不宜考虑墙骨柱与剪力墙面板的共同作用;作用在墙骨柱上的荷载应根据构件的从属面积确定。

6.1.36 墙骨柱按两端铰接的受压构件设计,构件在平面外的计算长度为墙骨柱长度;当墙骨柱两侧布置木基结构板或石膏板等覆面板时,平面内只需要进行强度验算。

6.1.37 当墙骨柱中轴向压力的初始偏心距为零时,初始偏心距按 0.05 倍的构件截面高度确定。

6.1.38 外墙墙骨柱应考虑风荷载效应组合,按两端铰接的压弯构件设计;当外墙围护材料较重时,应考虑其引起的墙骨柱出平面的地震作用。

6.1.39 支承墙骨柱的顶、底(地)梁板应进行局部承压验算。

Ⅶ 轻型木桁架的设计

6.1.40 用于轻型木桁架弦杆规格材的尺寸不应小于 40 mm× 65 mm。

6.1.41 轻型木桁架构件应采用目测分级或机械分级规格材。当采用目测分级规格材时,轻型木桁架上、下弦杆应选用Ⅲ_c级及以上的规格材。

6.1.42 验算桁架受压构件的稳定时,其计算长度应符合下列规定:

1 平面内,取节点中心间距的 0.8 倍。

2 平面外,屋架上弦取上弦与相邻檩条连接点间的距离,腹杆取节点中心距离;若下弦受压时,其计算长度取侧向支撑点间的距离。

6.1.43 桁架内力计算时,节点的计算简图宜按以下规定模拟:

1 各类节点可按本标准附录 G 的方式模拟。

2 屋脊节点、对接节点和仅有第 1 分节点的支座端节点为铰接节点。

3 腹杆节点、支座节点用多个节点模拟时,虚拟竖杆与上、下弦形成的节点为半铰节点。

4 弦杆为多跨连续杆件。

5 桁架支座与下部结构的连接,一端为固定铰支,另一端为活动铰支;计算支点一般位于端部节点的第 1 分节点处,当端部节点处有加强杆件且支座支承面的任何部分落在第 1、2 分节点形成的构件之外时,则计算支点应设在端部节点的第 2 分节点。

6 当支座端部节点用 3 个分节点模拟时,模拟的上、下弦杆的截面尺寸、材质与其相邻的上、下弦杆相同,虚拟竖杆的截面尺寸可取 40 mm×90 mm,材质可取Ⅲc 级;当支座端部节点的上弦杆或下弦杆有加强杆件时,端部节点应采用 4 个分节点模拟时,第 4 杆件截面尺寸、材质应与加强杆件相同。

6.1.44 在桁架的力学计算模型中,当两个节点的距离小于 50 mm 时,可简化为一个节点,该简化节点可设于两个模拟点的中间。

6.1.45 桁架设计时,杆件的轴力可取杆件两端轴力的平均值,弦杆节间弯矩可取该节间所受的最大弯矩。

6.1.46 钢齿板节点设计时,作用于钢齿板节点上的作用力,应取与该节点相连杆件的杆端力。

6.1.47 弦杆对接节点应设置于节间反弯点处,即离一端四分点处,偏差不得超过节间长度的±10%。

6.1.48 桁架端部悬挑应符合下列规定:

1 桁架两端悬挑长度之和不应超过桁架净跨的 1/4,且每端最大悬挑长度不应超过 1 400 mm。

2 对于桁架端部无加强构件的情况,桁架最大悬挑长度应按下式计算:

$$C = S - (L_b + 13) \qquad (6.1.48\text{-}1)$$

式中：S——上、下弦杆接触面水平投影长度(mm)；

L_b——支承面宽度(mm)。

端节点钢齿板应根据弦杆中的实际内力确定，上、下弦杆相交线过长时宜设附加齿板。

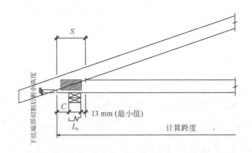

图 6.1.48-1　无加强短悬臂端部尺寸取法示意图

3　对于桁架端部有加强楔块的情况，桁架最大悬挑长度 C 和楔块的最小长度 S_2 应分别按公式(6.1.48-2)和公式(6.1.48-3)计算。

$$C = S_1 + 900 \qquad (6.1.48-2)$$

$$S_2 = L_b + 100 \qquad (6.1.48-3)$$

式中：S_1——上、下弦杆接触面水平投影长度(mm)；

L_b——支承面宽度(mm)。

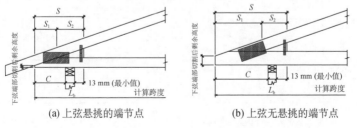

(a) 上弦悬挑的端节点　　　　　(b) 上弦无悬挑的端节点

图 6.1.48-2　桁架端部用楔块加强时其悬挑尺寸计算示意图

在确定长度 S 时，S_2 的最大值由楔块高度等于下弦杆截面高度确定；端节点钢齿板应根据弦杆中的实际内力确定；楔块上应设附加齿板与上、下弦连接，该齿板面积可取相应端节点钢齿板面积的 20%。

4　对于桁架端部有加强杆件的情况，桁架最大悬挑长度应按下式计算：

$$C = S_1 + S_2 - (L_b + 13) \qquad (6.1.48\text{-}4)$$

式中：S_1——上、下弦杆接触面水平投影长度(mm)；

　　　S_2——加强杆件与上弦杆或下弦杆相接触面水平投影长度(mm)；

　　　L_b——支承面宽度(mm)。

5　对于有加强杆件的端部悬挑桁架，加强杆件的最大截面为 40 mm×185 mm；上弦加强杆长度 L_T 不应小于端节间上弦杆长度的 1/2，下弦加强杆长度 L_B 不应小于端节间下弦杆长度的 2/3；连接加强杆件和弦杆的钢齿板应能保证将作用在弦杆上的荷载传递到加强杆件；当加强杆件和弦杆只用一块钢齿板连接时[图 6.1.48-3(b)]，应用 1.2 倍的弦杆内力设计该钢齿板；当桁架支座端节点考虑加强构件的作用时，该节点上的钢齿板在所加强的弦杆上的搭接长度不应小于 25 mm，见图 6.1.48-3 中尺寸 Y；上下弦杆交接面过长时宜设附加齿板，见图 6.1.48-3。

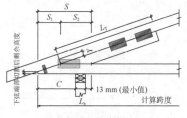
(a) 上弦悬挑的端节点，加强上弦杆

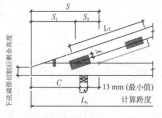
(b) 上弦无悬挑的端节点，加强上弦杆

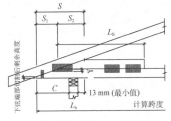
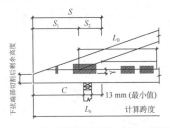

(c)上弦悬挑的端节点,加强下弦杆　　　(d)上弦无悬挑的端节点,加强下弦杆

图 6.1.48-3　桁架端部用杆件加强时其悬挑尺寸计算示意图

6.1.49　下弦端部高度应符合下列规定:

1　若下弦端部经切割,其剩余高度小于或等于 6 mm 时,则视为零;若下弦端部经切割,其剩余高度小于或等于下弦杆截面高度的 1/2 时,端节点钢齿板应根据弦杆中的实际内力确定。

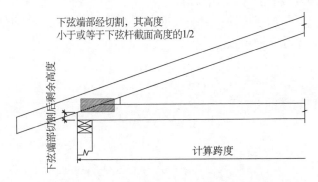

图 6.1.49-1　经切割的下弦端部高度示意图

2　若下弦端部未经切割,即端部高度为弦杆截面高度时,端节点钢齿板应根据弦杆中实际内力的 2 倍计算钢齿板尺寸;当端部高度在弦杆截面高度的 1/2～1 倍时,可线性插值确定端节点钢齿板受力。

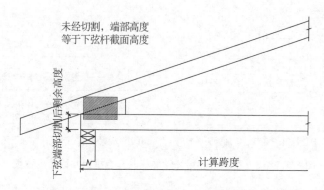

未经切割，端部高度
等于下弦杆截面高度

下弦端部切割后剩余高度

计算跨度

图 6.1.49-2　未经切割的下弦端部高度示意图

3　当下弦杆因有加强杆件，端部高度大于弦杆截面高度时，端节点钢齿板应根据弦杆中的实际内力确定；连接加强杆件和弦杆的钢齿板应能保证将作用在下弦杆上的荷载传递到加强杆件；当下弦杆与加强构件只用一块钢齿板连接时，应用 1.2 倍的下弦杆内力设计该钢齿板。

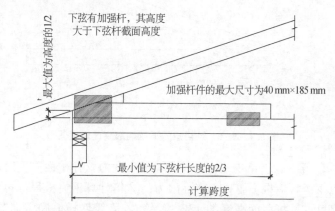

下弦有加强杆，其高度
大于下弦杆截面高度

最大值为高度的1/2

加强杆件的最大尺寸为40 mm×185 mm

最小值为下弦杆长度的2/3

计算跨度

图 6.1.49-3　有加强杆件的下弦端部高度示意图

6.1.50　上弦无悬挑的桁架在支座内侧支承点上的下弦杆截面高度不应小于 1/2 原下弦杆截面高度或 100 mm 二者中的较大值。

对于该类桁架的端节点,由于下弦杆长度大于上弦杆,需另行进行下弦杆的抗弯验算;用于验算的弯矩为支座反力乘以从支座内侧边缘到上弦杆起始点的水平距离 L_m,见图 6.1.50。

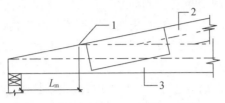

1—上弦杆起始点;2—上弦;3—下弦

图 6.1.50 上弦无悬挑桁架的端节点示意图

Ⅷ 构造要求

6.1.51 楼面、屋盖面板的厚度应符合表 6.1.51 的规定。

表 6.1.51 木基结构楼面板的最小厚度(mm)

最大搁栅间距(mm)	楼面或上人屋面活荷载标准值		不上人屋面恒荷载和雪荷载标准值	
	$Q_k \leqslant 2.5$ kN/m²	2.5 kN/m² $< Q_k < 5.0$ kN/m²	$G_k \leqslant 0.3$ kN/m² $s_k \leqslant 2.0$ kN/m²	0.3 kN/m² $< G_k < 1.3$ kN/m² $s_k \leqslant 2.0$ kN/m²
400	15	15	9	11
600	18	22	12	12

6.1.52 楼面、屋盖面板的长度方向(木纹或木片方向)应与搁栅垂直。当面板宽度方向接缝在同一搁栅上时,长度方向接缝应相互错开;当长度方向接缝连续时,宽度方向接缝应相互错开。

6.1.53 楼盖搁栅的间距不应大于 610 mm。楼盖搁栅在支座上的搁置长度不应小于 40 mm;搁栅底部之间应设置连续木底撑、搁栅横撑或剪刀撑;木底撑、搁栅横撑或剪刀撑在搁栅跨度方向的间距不应大于 2.1 m;当搁栅底部设有木基结构板或石膏板顶棚时,搁栅之间可不设支撑。

6.1.54 楼盖开孔应满足下列构造要求：

1 开孔周围与搁栅垂直的封头搁栅宜为2根；当封头搁栅长度大于3.2 m时，封头搁栅的截面尺寸应由计算确定。

2 开孔周围与楼盖搁栅平行的封边搁栅宜为2根；当封边搁栅长度超过2.0 m时，封边搁栅的截面尺寸应由计算确定。

3 开孔周围的封头搁栅与被开孔切断的搁栅之间的连接，以及封头搁栅与封边搁栅之间的连接，应采用金属搁栅托架或钉连接方式；当采用钉连接时，钉的数量应由计算确定。

6.1.55 支承墙体的楼盖搁栅应符合下列规定：

1 平行于搁栅的非承重墙，应位于搁栅或搁栅之间的横撑上，横撑的截面应不小于40 mm×90 mm，间距不应大于1.2 m。

2 平行于搁栅的承重墙，不得支承在搁栅上，应支承在梁或承重墙上。

3 垂直于搁栅的非承重墙，可设置在搁栅的任何位置。

6.1.56 带悬挑的楼盖搁栅与主搁栅垂直时，未悬挑部分的搁栅长度不应小于其悬挑长度的6倍，与悬挑搁栅端部连接的主搁栅应为2根。

6.1.57 屋盖可由轻型桁架、屋脊板或屋脊梁、椽条和顶棚搁栅等构成，桁架、椽条和顶棚搁栅的间距不应大于610 mm，截面尺寸应由计算确定。

6.1.58 椽条和顶棚搁栅应符合下列规定：

1 椽条或顶棚搁栅在支座上的搁置长度不应小于40 mm。

2 椽条或顶棚搁栅沿长度方向应连续，但可在竖向支座上用连接板连接。

3 屋谷和屋脊椽条的截面高度应比其他处椽条的截面高度大至少50 mm。

4 椽条或顶棚搁栅在屋脊可由承重墙或支承长度不小于90 mm的屋脊梁支承，椽条的顶端在屋脊两侧应用连接板或钉相互连接。

5 当椽条连杆跨度大于 2.4 m 时,应在连杆中部加设通长纵向水平系杆,系杆截面尺寸不应小于 20 mm×90 mm(图 6.1.58)。

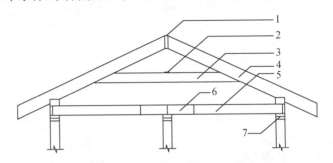

1—屋脊板;2—纵向水平系杆;3—椽条连杆;
4—椽条;5—顶棚隔栅;6—连接板;7—顶梁板

图 6.1.58 椽条连杆加设通长纵向水平系杆示意图

6 当屋面坡度大于 1:3 时,可将椽条连杆作为椽条的中间支座,椽条连杆的截面尺寸不应小于 20 mm×90 mm。

7 当屋脊两侧的椽条与顶棚搁栅的钉连接符合表 6.1.58 的规定时,屋脊板可不设支座。

表 6.1.58 椽条与顶棚搁栅钉连接(屋脊板无支承)

屋面坡度	椽条间距 (mm)	椽条与每根顶棚搁栅连接处的最小钉数(颗) 钉长≥80 mm,钉直径 d ≥2.8 mm	
		房屋宽度为 8 m	房屋宽度为 9.8 m
1:3	400	4	5
	610	6	8
1:2.4	400	4	6
	610	5	7
1:2	400	4	4
	610	4	5
1:1.71	400	4	4
	610	4	5

屋面坡度	椽条间距 （mm）	椽条与每根顶棚搁栅连接处的最小钉数（颗） 钉长≥80 mm,钉直径 d ≥2.8 mm	
		房屋宽度为 8 m	房屋宽度为 9.8 m
1：1.33	400	4	4
	610	4	4
1：1	400	4	4
	610	4	4

6.1.59 剪力墙面板的厚度应符合表 6.1.59 的规定。

表 6.1.59 剪力墙面板的最小厚度

墙骨柱最大间距	木基结构板材	石膏板
400 mm	9 mm	9 mm
600 mm	11 mm	12 mm

6.1.60 当用石膏板作墙体面板时,墙体两侧均应布置石膏板;当用木基结构板材作墙体面板时,至少墙体一侧应布置木基结构板材。

6.1.61 剪力墙面板的铺设应符合下列规定:

1 剪力墙相邻面板的竖向接缝应在墙骨柱上;面板可水平或竖向铺设,面板之间应留有不小于 3 mm 的缝隙。

2 剪力墙面板的尺寸不应小于 1 200 mm×2 400 mm;在墙边界或开孔处,可采用宽度不小于 300 mm 的窄板。

3 当墙体两侧均有墙面板,且每侧面板边缘钉的间距小于 150 mm 时,墙体两侧面板的竖向接缝应互相错开,避免在同一根墙骨柱上。

6.1.62 墙骨柱的间距不应大于 610 mm,墙骨柱在层高内应连续,允许采用指接连接,但不得采用连接板连接;相邻墙骨柱指接接头应互相错开,距离不小于 500 mm;墙骨柱高度大于 2.7 m 时,应在墙骨柱之间设置水平支撑。

6.1.63 墙骨柱在墙体转角和交接处应加强,墙骨柱的数量不得少于 3 根(图 6.1.63)。墙骨柱可采用由 40 mm 厚规格材组成的组合柱形式;组合柱用长 80 mm 的钉子,按 750 mm 间距钉合。

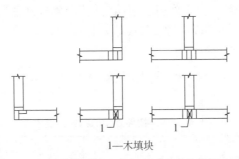

1—木填块

图 6.1.63 墙骨柱在转角和交接处的组合墙骨示意图

6.1.64 墙体的顶梁板和底梁板厚度不应小于 40 mm,宽度不应小于墙骨柱截面的高度。底梁板在支座上突出的尺寸不得大于板宽的 1/3。

6.1.65 承重墙的顶梁板通常不宜少于 2 层,但下列情况下可采用单层顶梁板:

1 顶梁板承受楼盖、屋盖或顶棚传来的集中荷载与墙骨柱的中心距不大于 50 mm。

2 承重墙中设过梁的区段,顶梁板用作过梁顶面连接板。

3 非承重墙。

6.1.66 多层顶梁板的下层和单层顶梁板应用 2 枚长度 80 mm 的钉子垂直钉入墙骨柱端头;墙骨柱与底梁板的连接应用 2 枚长度 80 mm 的钉子从底梁板垂直钉入墙骨柱端头,或用 4 枚长度 60 mm 的钉子从墙骨柱斜向钉在底梁板上;双层顶梁板之间应用长度 80 mm 的钉子,按 600 mm 的间距相互钉合。

6.1.67 单层顶梁板的接缝应在墙骨柱处,接缝处的顶面应采用镀锌钢板拉结;多层顶梁板上、下层的接缝应错开,错开距离不应小于 1 根墙骨柱的间距,接缝位置应在墙骨柱上;在墙体的转角和交接处,上、下层顶梁板应交错搭接,或采用钢板拉结。

6.1.68 当承重墙的开洞宽度大于墙骨柱间距时,应设置过梁,过梁设计由计算确定,过梁与柱端应用 2 枚长度 80 mm 的钉子固定。

洞口两侧至少应采用双根墙骨柱,内侧柱从底梁板至过梁,外侧柱从底梁板至顶梁板;双根墙骨柱应用长度 80 mm 的钉子,按 750 mm 的间距钉合。

6.1.69 楼盖、屋盖和剪力墙的构件之间的钉连接应符合表 6.1.69 的规定。

表 6.1.69　构件之间的钉连接要求

序号	连接构件名称	最小钉长 (mm)	钉的最少数量或最大间距钉直径 $d \geqslant 2.8$ mm
1	楼盖搁栅与墙体顶梁板或底梁板-斜向钉合	80	2 枚
2	边框梁或封边板与墙体顶梁板或底梁板-斜向钉合	80	150 mm
3	楼盖搁栅木底撑或扁钢底撑与楼盖搁栅	60	2 枚
4	搁栅间剪刀撑和横撑	60	每端 2 枚
5	开孔周边双层封边梁或双层加强搁栅	80	2 枚或 3 枚 间距 300 mm
6	木梁两侧附加托木与木梁	80	每根搁栅处 2 枚
7	搁栅与搁栅连接板	80	每段 2 枚
8	被切搁栅与开孔封头搁栅(沿开孔周边垂直钉连接)	80	3 枚
9	开孔处每根封头搁栅与封边搁栅的连接(沿开孔周边垂直钉连接)	80	5 枚
10	墙骨柱与墙体顶梁板或底梁板,采用斜向钉合或垂直钉合	60/80	4/2 枚
11	开孔两侧双根墙骨柱,或在墙体交接或转交处的墙骨柱	80	610 mm

序号	连接构件名称	最小钉长 (mm)	钉的最少数量或最大间距钉直径 $d \geqslant 2.8$ mm
12	双层顶梁板	80	610 mm
13	墙体底梁板或地梁板与搁栅或封头块(用于外墙)	80	400 mm
14	内隔墙与框架或楼板板	80	610 mm
15	墙体底梁板或地梁板与搁栅或封头块;内隔墙与框架或楼面板(用于传递剪力墙的剪力时)	80	150 mm
16	非承重墙开孔顶部水平构件	80	每端2枚
17	过梁与墙骨柱	80	每端2枚
18	顶棚搁栅与墙体顶梁板-每侧采用斜向钉合	80	2枚
19	屋面椽条、桁架或屋面搁栅与墙体顶梁板-斜向钉合	80	3枚
20	椽条板与顶棚搁栅	80	3枚
21	椽条与搁栅(屋脊板有支座时)	80	3枚
22	两侧椽条在屋脊通过连接板连接,连接板与每根椽条的连接	60	4枚
23	椽条与屋脊板-斜向钉合或垂直钉合	80	3枚
24	椽条拉杆每端与椽条	80	3枚
25	椽条拉杆侧向支撑与拉杆	60	2枚
26	屋脊椽条与屋脊或屋谷椽条	80	2枚
27	椽条撑杆与椽条	80	3枚
28	椽条撑杆与承重墙-斜向钉合	80	2枚

6.2 混合轻型木结构设计

Ⅰ 一般规定

6.2.1 本节规定适用于木楼(屋)盖混合结构、上部轻型木结构的混合木结构体系和钢框架内填轻型木剪力墙的混合结构体系的设计。

6.2.2 混合轻型木结构应根据不同的混合形式,考虑不同材料组成的受力构件之间的协同工作以及相互连接。

6.2.3 当木楼盖、屋盖用作混凝土或砌体墙体的侧向支承时,楼盖、屋盖应具有足够的承载力和平面内刚度,以保证水平力的可靠传递。木楼盖、屋盖与墙体之间应有可靠的连接;连接沿墙体方向的抵抗力不应小于 3.0 kN/m。

Ⅱ 木楼盖、屋盖混合结构

6.2.4 木楼盖设计和构造应符合本节以及本标准第 6.1 节的有关规定。

6.2.5 当考虑木楼盖、屋盖作为墙体侧向支撑时,结构应符合第 6.2.3 条和第 6.2.4 条的规定,并应符合下列规定:

　　1 楼层层高不大于 3.6 m。

　　2 楼盖、屋盖周边相邻剪力墙最大间距不大于 7.2 m。

　　3 楼盖不宜错层。

　　4 楼盖木基结构板拼缝处应设置填块。

6.2.6 木楼盖、屋盖混合结构中的其他结构应符合现行上海市工程建设规范《建筑抗震设计标准》DGJ 08—9 的有关规定及满足相应的结构规范要求。

6.2.7 木屋盖与下部结构连接应满足以下要求:

　　1 在下部结构上方设置木梁板,木屋盖中木屋架与下部木梁板连接。

2 当木屋盖有上拔力时,木屋架与木梁板应采用金属抗拔连接件连接,抗拔连接件间距不大于 2 400 mm。

3 当木屋盖抵抗水平力时,木屋架与下部木梁板宜采用金属连接件连接,间距不应大于 2 400 mm;也可采用钉连接,每榀屋架端部与木梁板连接的钉的数量应由计算确定,钉的长度不应小于 80 mm。

4 木梁板与下部结构应用锚栓连接,锚栓直径不应小于 12 mm,间距不应大于 2 400 mm,锚栓埋入深度不应小于 300 mm,每根木梁板两端各应设置 1 根锚栓,端距为 100 mm~300 mm。

6.2.8 木楼盖与其他结构在楼盖处的连接应能有效抵抗木楼盖竖向力和水平力,并应符合下列规定:

1 木楼盖与其他结构的连接宜采用金属连接件连接,有条件时可将楼面搁栅搁置并固定在墙体或其他水平构件上。

2 当木楼盖与砌块墙体相接时,墙体上宜设置混凝土圈梁并与木楼盖连接,圈梁宜与墙体等宽,高度不应小于 200 mm。

Ⅲ 上部轻型木结构的混合结构体系

6.2.9 平面规则的下部为其他材料的 7 层及 7 层以下的上部轻型木结构混合结构,宜按下列要求计算地震作用及确定参数:

1 当轻型木结构下方相邻的其他材料楼层结构的平均抗侧刚度与相邻上部木结构的平均抗侧刚度之比小于 4 时,整体结构可采用底部剪力法计算;相应于结构基本周期的水平地震影响系数 α_1 可取水平地震影响系数最大值。

2 当轻型木结构下方相邻的其他材料楼层结构的平均抗侧刚度与相邻上部木结构的平均抗侧刚度之比在 4~10 时,整体结构宜按现行上海市工程建设规范《建筑抗震设计标准》DGJ 08—9 采用振型分解反应谱法进行地震作用计算;上部木结构的抗侧刚度应按第 6.1.27 条计算,下部结构的抗侧刚度应按相应现行国家标准计算。

3 当轻型木结构下方相邻的其他材料楼层结构的平均抗侧刚度与相邻上部木结构的平均抗侧刚度之比大于 10 时,上部木结构和下部结构可单独计算。

6.2.10 按第 6.2.9 条第 3 款的规定,上部木结构和下部结构单独分开计算时,尚应符合下列规定:

1 上部木结构的水平地震作用应按本标准第 5.3 节的有关规定计算,并应乘以放大系数 β。当刚度比等于 10 时,取 $\beta = 2.0$;当刚度比等于 4 时,取 $\beta = 1.5$;中间采用线性插值。

2 下部结构可采用底部剪力法计算,上部木结构以等效重力荷载作为质点作用在下部结构的顶层;相应于结构基本周期的水平地震影响系数 α_1 可取水平地震影响系数最大值。

6.2.11 当上部轻型木结构的混合结构用作公共建筑时,宜采用振型分解反应谱法对整体结构进行分析。

6.2.12 采用轻型木屋盖的多层民用建筑,主体结构地震作用应依据现行上海市工程建设规范《建筑抗震设计标准》DGJ 08—9 的有关条款确定,木屋盖可作为顶层质点作用在屋架支座处,顶层质点等效重力荷载可取木屋架及 1/2 墙体重力荷载代表值,其余质点可取重力荷载代表值的 85%。轻型木结构屋盖与混凝土或其他材料连接处的剪力取顶层地震剪力的 1/2。

6.2.13 平屋面改造为轻型木结构坡屋面(平改坡)时,轻型木结构屋架的水平地震作用可取原结构整体计算中原结构顶层水平地震作用的 20%。

6.2.14 平面或立面特别不规则的混合轻型木结构,整体结构应按现行上海市工程建设规范《建筑抗震设计标准》DGJ 08—9 采用振型分解反应谱法进行地震作用计算,并应考虑双向地震作用下的扭转效应,结构阻尼比可取 0.05。

6.2.15 木楼盖、屋盖混合结构,宜按下列要求计算地震作用及确定参数:

1 竖向规则的木楼盖、屋盖混合结构,可采用底部剪力法进行地震作用计算;相应于结构基本周期的水平地震影响系数 α_1 可取水平地震影响系数最大值,结构的阻尼比取 0.05。

2 结构抗侧刚度应由下部结构的抗侧刚度决定。

3 各抗侧构件所受到的楼层地震剪力应按本标准第 5.3 节的规定分配,各抗侧力构件应按相应规范,考虑地震作用下的基本组合进行承载力设计与变形验算。

4 当墙体留洞搁置木搁栅时,楼盖处砌块墙体沿水平缝抗剪承载力应根据净截面面积进行截面抗震验算。

6.2.16 木楼盖、屋盖混合结构中,下部结构的竖向构件承载力验算时,应考虑木楼盖、屋盖与其连接方式和连接部位的影响,并应对连接部位进行连接节点验算及局部承压验算,计算时应按本标准第 4.1.6 条的规定对荷载进行调整。

6.2.17 上部轻型木结构的设计和构造除应符合本标准相关规定外,尚应符合下列规定:

1 上部轻型木结构的承重墙应与下部的框架梁或承重墙体对齐。

2 下部结构纵横两个方向应设置抗侧框架或剪力墙,平面宜规则,避免因下部结构的扭转引起上部木结构的附加扭转。

6.2.18 下部结构体系应具备必要的刚度和承载力、良好的变形能力和耗能能力,具有合理的荷载传递途径,构件之间应有可靠的连接,应满足相应现行结构设计规范要求。

6.2.19 上部轻型木结构底梁板与砌块墙体或混凝土梁连接应采用锚栓连接,锚栓宜预埋在下部混凝土框架梁或圈梁中,锚栓直径及间距应根据考虑地震作用的荷载效应组合确定;锚栓直径不应小于 12 mm,间距不应大于 2.0 m,锚栓埋入深度不得小于 300 mm,地梁板两端各应设置 1 根锚栓,端距为 100 mm~300 mm。

6.2.20 上部轻型木结构中剪力墙墙肢应进行抗倾覆设计;当需要时,可采用金属拉条或抗拔锚固件连接;连接的设计应符合本标准第 6.3 节的相关规定。

6.2.21 下部结构的顶层楼盖应设计为刚性楼板。

IV 钢框架内填轻型木剪力墙混合结构体系

6.2.22 钢框架和轻型木剪力墙间应有可靠的连接,连接的抗剪强度应大于内填轻型木剪力墙的抗剪承载力,连接的设计应满足相应现行规范要求。

6.2.23 钢框架和轻型木剪力墙的弹性抗侧刚度比 λ 由下式确定:

$$\lambda = k_{\text{wood}} / k_{\text{steel}} \qquad (6.2.23)$$

式中:k_{wood}——内填轻型木剪力墙的初始抗侧刚度;

k_{steel}——钢框架的初始抗侧刚度。

6.2.24 钢框架和轻型木剪力墙的弹性抗侧刚度比宜取 1~3。

6.2.25 钢框架内填轻型木剪力墙结构可采用底部剪力法计算;钢框架和轻型木剪力墙间的设计剪力可按抗侧刚度比进行计算。

6.2.26 钢框架内填轻型木剪力墙结构的楼盖可采用轻型木楼盖、轻型钢木混合楼盖等楼盖形式,楼盖和钢框架件应具有可靠的连接,连接的设计应满足相应现行规范要求。

6.2.27 轻型钢木混合楼盖构造见图 6.2.27,由卷边槽钢、规格木材、钢筋网和细石混凝土面层组成,可按下列规定施工:

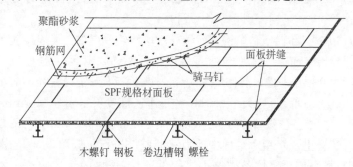

图 6.2.27 轻型钢木混合楼盖构造示意图

1 规格木材采用木螺钉固定在卷边槽钢搁栅上。

2 钢筋网可采用骑马钉固定在规格木材上。

3 细石混凝土面层的厚度为 30 mm～40 mm。

6.2.28 钢框架内填轻型木剪力墙结构的设计应考虑楼盖刚度对结构的影响,当采用轻型钢木混合楼盖时,若楼盖平面内刚度与竖向抗侧力构件抗侧刚度之比大于 3,可按刚性楼盖进行计算;当楼盖不能视为刚性楼盖时,楼盖的弹性平面内剪切位移角不应大于 1/250。

6.2.29 钢框架和轻型木剪力墙的设计和构造尚应符合下列规定:

1 钢框架和轻型木剪力墙的布置应依据现行上海市工程建设规范《建筑抗震设计标准》DGJ 08—9 的有关条款确定,平面宜规则,避免整体结构的扭转。

2 钢框架的柱脚宜选用外包式柱脚或埋入式柱脚,以增大柱脚的锚固长度,避免整体结构倾覆。

6.3 连接设计

Ⅰ 一般规定

6.3.1 木结构连接设计应符合下列规定:

1 传力应简捷、明确。

2 在同一连接计算中,不得考虑 2 种或 2 种以上不同刚度连接的共同作用,不得同时采用直接传力或间接传力 2 种传力方式。

3 木构件节点的破坏,不应先于被其连接的木构件。

4 被连接的木构件上不应出现横纹受拉或受弯的状况。

5 木结构构件和连接件的排列宜设计成对称连接,连接的设计和制造应保证每个连接件能承担按比例分配的应力。

6.3.2 柱与基础的连接设计应符合本标准有关基础设计的规定。

6.3.3 当结构自重不足以抵抗由地震荷载产生的倾覆力矩和上拔力时,轻型木结构建筑的水平抗剪设计不考虑金属抗拉连接件和金属抗拔锚固件的抗剪作用。

Ⅱ 计算与构造规定

6.3.4 梁与柱的连接应根据计算确定。

6.3.5 钉连接和螺栓连接中可采用双剪连接或单剪连接;连接木构件的最小厚度应符合现行国家标准《木结构设计标准》GB 50005 的有关规定;如钉的有效长度小于 $4d$,则相应剪面的承载力不予考虑。

6.3.6 钉连接和螺栓连接顺纹受力的每一剪面的设计承载力应符合现行国家标准《木结构设计标准》GB 50005 的有关规定;若螺栓的传力方向与构件木纹的夹角大于 $10°$ 时,应考虑斜纹承压对剪面设计承载力的影响;对于钉连接,可不考虑斜纹承压的影响。

6.3.7 木构件受压连接中,木连接板厚度不应小于构件厚度的 1/2。

6.3.8 钉的排列,可采用并列、错列或斜列布置,其最小间距应符合现行国家标准《木结构设计标准》GB 50005 的有关规定;当钉从连接的两面钉入,进入中间构件的深度大于该构件厚度的 2/3 时,两面的钉子必须错位钉入,而其在中间构件中的间距不小于 $15d$。

6.3.9 承压螺栓垫板面积的计算按本标准附录 D 确定,垫板的最小尺寸应符合下列规定:

    1 垫板厚度不小于 $0.3d$,且不小于 4 mm。

    2 正方形垫板的边长和圆形垫板的直径应分别不小于 $3.5d$ 和 $4d$。

6.3.10 螺栓的排列,可按两纵行并列或两纵行错列布置,并应符合现行国家标准《木结构设计标准》GB 50005 的有关规定。

6.3.11 金属拉条可作为以下构件间的连接措施:

    1 楼盖、屋盖边界构件间的拉结或边界构件与混凝土、砌体等外墙间的拉结。

2 楼盖、屋盖平面内剪力墙之间或剪力墙与外墙的拉结。

3 剪力墙边界构件的层间拉结。

4 剪力墙边界构件与基础的拉结。

6.3.12 当金属拉条用于楼盖、屋盖平面内拉结时,金属拉条应与受压构件共同受力;若平面内无贯通的受压构件时,应设置填块,填块的长度由设计确定。

6.3.13 当木屋盖端支座或木骨架剪力墙边界构件出现上拔力时,木屋盖端支座与墙体的连接或剪力墙两侧边界构件的层间连接、边界构件与基础的连接应采用抗拔锚固件连接,连接应按全部上拔力设计。

Ⅲ 齿板连接

6.3.14 齿板连接适用于轻型木结构建筑中规格材桁架的节点连接及受拉杆件的接长,齿板不应用于传递压力。当符合下列条件时,不宜采用齿板连接:

1 处于腐蚀环境时。

2 在潮湿的使用环境或易于产生冷凝水的部位,采用经阻燃剂处理过的规格材时。

6.3.15 齿板应由镀锌薄钢板制作;镀锌应在齿板制造前进行,镀锌层重量不应低于 275 g/m² ;钢板可采用 Q235 碳素结构钢和 Q355 低合金高强度结构钢;齿板采用的钢材性能应满足表 6.3.15 的要求;对于进口齿板,当有可靠依据时,也可采用其他型号的钢材。

表 6.3.15 齿板采用钢材的性能要求

钢材品种	屈服强度(N/mm²)	抗拉强度(N/mm²)	伸长率(%)
Q235	≥235	≥370	26
Q355	≥355	≥470	21

6.3.16 齿板连接应按下列规定进行验算：

1 按承载能力极限状态荷载效应的基本组合验算齿板连接的板齿承载力、齿板受拉承载力、齿板受剪承载力和剪-拉复合承载力。

2 按正常使用极限状态标准组合验算板齿的抗滑移承载力。

6.3.17 在节点处，应按轴心受压或轴心受拉构件进行构件净截面强度验算，构件净截面高度 h_n 取值应符合下列规定：

1 在支座端节点处，下弦杆件的净截面高度 h_n 为杆件截面底边到齿板上边缘的尺寸；上弦杆件的 h_n 为齿板在杆件截面高度方向的垂直距离[图 6.3.17(a)]。

2 在腹杆节点和屋脊节点处，杆件的净截面高度 h_n 为齿板在杆件截面高度方向的垂直距离(图 6.3.17)。

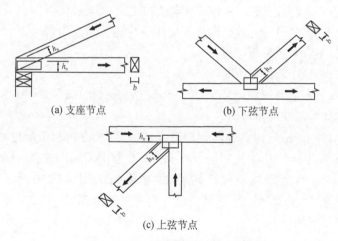

(a) 支座节点   (b) 下弦节点

(c) 上弦节点

图 6.3.17 杆件净截面尺寸示意图

6.3.18 齿板的板齿承载力设计值 N_r 应按下列公式计算：

$$N_r = n_r k_h A \qquad (6.3.18-1)$$

$$k_h = 0.85 - 0.05(12\text{tg}\,\alpha - 2.0) \qquad (6.3.18\text{-}2)$$

式中：N_r——板齿承载力设计值（N）。

n_r——板齿强度设计值（N/mm²），按现行国家标准《木结构设计标准》GB 50005 附录 M 的规定取值。

A——齿板表面净面积（mm²），是指用齿板覆盖的构件面积减去相应端距 a 及边距 e 内的面积（图 6.3.18）；端距 a 应平行于木纹量测，并不大于 12 mm 或 1/2 齿长的较大者；边距 e 应垂直于木纹量测，并取 6 mm 或 1/4 齿长的较大者。

k_h——桁架端节点弯矩影响系数，应符合 $0.65 \leqslant k_h \leqslant 0.85$ 的规定。

α——桁架端节点处上、下弦间的夹角（°）。

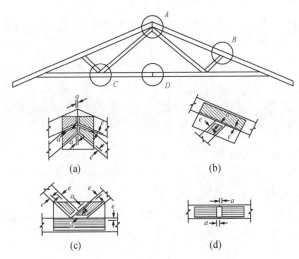

图 6.3.18 齿板的端距和边距示意图

6.3.19 齿板抗拉承载力设计值应按下式计算：

$$T_r = k t_r b_t \qquad (6.3.19)$$

式中：T_r——齿板抗拉承载力设计值(N)。

b_t——垂直于拉力方向的齿板截面计算宽度(mm)，应按本标准第6.3.20条的规定取值。

t_r——齿板抗拉强度设计值(N/mm)；按现行国家标准《木结构设计标准》GB 50005附录M的规定取值。

k——受拉弦杆对接时齿板抗拉强度调整系数，应按本标准第6.3.20条的规定取值。

6.3.20 受拉弦杆对接时，齿板计算宽度b_t和抗拉强度调整系数k应按下列规定取值：

1 当齿板宽度小于或等于弦杆截面高度h时，齿板的计算宽度b_t可取齿板宽度，齿板抗拉强度调整系数应取$k=1.0$。

2 当齿板宽度大于弦杆截面高度h时，齿板的计算宽度b_t可取$b_t=h+x$。x取值应符合下列规定：

1）对接处无填块时，x应取齿板凸出弦杆部分的宽度，但不应大于13 mm；

2）对接处有填块时，x应取齿板凸出弦杆部分的宽度，但不应大于89 mm；

3 当齿板宽度大于弦杆截面高度h时，抗拉强度调整系数k取值应符合下列规定：

1）对接处齿板凸出弦杆部分无填块时，$k=1.0$；

2）对接处齿板凸出弦杆部分有填块且齿板凸出部分的宽度$\leqslant 25$ mm时，$k=1.0$；

3）对接处齿板凸出弦杆部分有填块且齿板凸出部分的宽度>25 mm时，k按下式计算：

$$k=k_1+\beta k_2 \qquad (6.3.20)$$

式中：$\beta=x/h$；k_1、k_2为计算系数，应按表6.3.20的规定取值。

4 对接处采用的填块截面宽度应与弦杆相同；在桁架节点处进行弦杆对接时，该节点处的腹杆可视为填块。

表 6.3.20 计算系数 k_1、k_2

弦杆截面高度 h(mm)	k_1	k_2
65	0.96	-0.228
90~185	0.962	-0.288
285	0.97	-0.079

注:当 h 值为表中数值之间时,可采用插入法求出 k_1、k_2 值。

6.3.21 齿板抗剪承载力设计值应按下式计算:

$$V_r = v_r b_v \qquad (6.3.21)$$

式中:V_r——齿板抗剪承载力设计值(N);

b_v——平行于剪力方向的齿板受剪截面宽度(mm);

v_r——齿板抗剪强度设计值(N/mm),应按现行国家标准
《木结构设计标准》GB 50005 附录 M 的规定取值。

6.3.22 当齿板承受剪-拉复合力时(图 6.3.22),齿板剪-拉复合
承载力设计值应按下列公式计算:

$$C_r = C_{r1} l_1 + C_{r2} l_2 \qquad (6.3.22-1)$$

$$C_{r1} = V_{r1} + \frac{\theta}{90}(T_{r1} - V_{r1}) \qquad (6.3.22-2)$$

$$C_{r2} = T_{r2} + \frac{\theta}{90}(V_{r2} - T_{r2}) \qquad (6.3.22-3)$$

式中:C_r——齿板剪-拉复合承载力设计值(N);

C_{r1}——沿 l_1 方向齿板剪-拉复合强度设计值(N/mm);

C_{r2}——沿 l_2 方向齿板剪-拉复合强度设计值(N/mm);

l_1——所考虑的杆件沿 l_1 方向的被齿板覆盖的长度(mm);

l_2——所考虑的杆件沿 l_2 方向的被齿板覆盖的长度(mm);

V_{r1}——沿 l_1 方向齿板抗剪强度设计值(N/mm);

V_{r2}——沿 l_2 方向齿板抗剪强度设计值(N/mm);

T_{r1}——沿 l_1 方向齿板抗拉强度设计值(N/mm);

T_{r2} ——沿 l_2 方向齿板抗拉强度设计值(N/mm);

T ——腹杆承受的拉力设计值(N);

θ ——杆件轴线间夹角(°)。

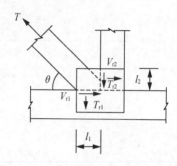

图 6.3.22　齿板剪-拉复合受力示意图

6.3.23　板齿抗滑移承载力应按下式计算:

$$N_s = n_s A \qquad (6.3.23)$$

式中:N_s——板齿抗滑移承载力(N);

n_s——板齿抗滑移强度设计值(N/mm²),应按现行国家标准《木结构设计标准》GB 50005 附录 M 的规定取值;

A ——齿板表面净截面(mm²)。

6.3.24　弦杆对接处,当需考虑齿板的抗弯承载力时,齿板抗弯承载力设计值 M_r 应按下列公式计算:

$$M_r = 0.27t_r(0.5w_b + y)^2 + 0.18bf_c(0.5h - y)^2 - T_f y$$
$$(6.3.24\text{-}1)$$

$$y = \frac{0.25bhf_c + 1.85T_f - 0.5w_b t_r}{t_r + 0.5bf_c} \qquad (6.3.24\text{-}2)$$

$$w_b = kb_t \qquad (6.3.24\text{-}3)$$

对接节点处的弯矩 M_f 和拉力 T_f 应满足下列公式的要求:

$$M_r \geqslant M_f \qquad (6.3.24-4)$$

$$t_r w_b \geqslant T_f \qquad (6.3.24-5)$$

式中：M_r ——齿板抗弯承载力设计值（N·mm）。

$\quad t_r$ ——齿板抗拉强度设计值（N/mm）。

$\quad w_b$ ——齿板截面计算的有效宽度（mm）。

$\quad b_t$ ——齿板计算宽度（mm），应按本标准第 6.3.20 条的规定确定。

$\quad k$ ——齿板抗拉强度调整系数，应按本标准第 6.3.20 条的规定确定。

$\quad y$ ——弦杆中心线与木/钢组合中心轴线的距离（mm），可为正数或负数；当 y 在齿板之外时，弯矩公式（6.3.24-1）失效，不能采用。

$\quad b,h$ ——分别为弦杆截面宽度（mm）、高度（mm）。

$\quad T_f$ ——对接节点处的拉力设计值（N），对接节点处受压时取 0。

$\quad M_f$ ——对接节点处的弯矩设计值（N·mm）。

$\quad f_c$ ——规格材顺纹抗压强度设计值（N/mm^2）。

6.3.25 齿板连接的构造应符合下列规定：

1 齿板应成对的对称设置于构件连接节点的两侧。

2 采用齿板连接的构件厚度应不小于齿嵌入构件深度的 2 倍。

3 在与桁架弦杆平行及垂直方向，齿板与弦杆的最小连接尺寸以及在腹杆轴线方向齿板与腹杆的最小连接尺寸均应符合表 6.3.25 的规定。

4 弦杆对接所用齿板宽度不应小于弦杆相应宽度的 65%。

表 6.3.25 齿板与桁架弦杆、腹杆最小连接尺寸（mm）

规格材截面尺寸	桁架跨度 L（m）		
（mm×mm）	$L \leqslant 12$	$12 < L \leqslant 18$	$18 < L \leqslant 24$
40×65	40	45	—

规格材截面尺寸	桁架跨度 L(m)		
(mm×mm)	L≤12	12<L≤18	18<L≤24
40×90	40	45	50
40×115	40	45	50
40×140	40	50	60
40×185	50	60	65
40×235	65	70	75
40×285	75	75	85

6.3.26 受压弦杆对接时,应符合下列规定:

1 对接各杆件的齿板板齿承载力设计值不应小于该杆轴向压力设计值的65%。

2 对竖切受压节点(图6.3.26),对接各杆的齿板板齿承载力设计值应不小于垂直于受压弦杆对接面的荷载分量设计值的65%与平行于受压弦杆对接面的荷载分量设计值之矢量和。

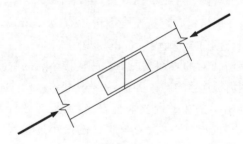

图6.3.26 弦杆对接时竖切受压节点示意图

6.4 地基与基础设计

Ⅰ 一般规定

6.4.1 轻型木结构建筑和混合轻型木结构建筑的地基基础设计

应符合现行国家标准《建筑地基基础设计规范》GB 50007 和现行上海市工程建设规范《地基基础设计标准》DGJ 08—11、《岩土工程勘察规范》DGJ 08—37 及《地基处理技术规范》DG/TJ 08—40 的有关规定。

6.4.2 轻型木结构建筑工程设计前宜进行与设计阶段相适应的工程勘察;勘察工作的重点应查明建设场地的地基土构成、主要物理力学性质及不良地质作用;勘察单位应根据设计要求,结合工程性质、基础类型和地基土特点确定勘察手段。

6.4.3 轻型木结构建筑的基础形式和基础尺寸应根据地质条件、上部荷载大小、周围环境条件并结合使用要求等综合考虑确定。

6.4.4 基础埋置深度应由基础的类型和构造、工程地质和水文地质条件、相邻建筑基础的埋置深度、抗震要求等确定;在满足地基承载力、稳定和变形条件下,基础宜浅埋;基础埋置深度不宜小于 500 mm,基底应进入地基持力层不小于 150 mm;基底垫层厚度不应小于 100 mm。

6.4.5 室内地坪下基础墙体采用预制实心混凝土砌块砌筑时,砌块强度等级不应低于 MU10,砌筑砂浆强度等级不应低于 M7.5,施工质量控制等级应为 B 级;墙体与基础整体浇筑时,应采用同一混凝土强度等级。

Ⅱ 地基基础

6.4.6 当天然地基遇有不良土质不能满足地基承载力和变形等设计要求,或需要利用冲填土、杂填土、淤泥质土、素填土等软弱土层作为地基持力层时,地基应采用换填法等方式进行处理;同一结构单元应采用同一种地基处理方法。

6.4.7 当采用浅埋基础时,室内外管网的连接应考虑地基变形产生的沉降差的影响。

6.4.8 轻型木结构基础采用独立基础时,上部荷载重心宜与独

立基础底面的形心重合;当偏心距大于基础偏心方向边长的 5%
时,应验算偏心产生的附加影响。

6.4.9 轻型木结构建筑基础一般采用钢筋混凝土条形基础,也
可采用独立基础、刚性条形基础,需要时可采用筏形基础或桩基。

6.4.10 条形基础的宽度不应小于 500 mm,基础板厚度不宜小
于 250 mm,边缘高度不宜小于 150 mm;独立基础底面边长不应
小于 800 mm,基础板厚度不宜小于 200 mm,边缘高度不宜小于
200 mm;筏形基础底板厚度及配筋应由计算确定。

6.4.11 带地下室的轻型木结构建筑应进行抗浮验算。

6.4.12 地下室筏形基础底板厚度不宜小于最大区格短向长度
的 1/20,且不得小于 250 mm,底板纵横两个方向的支座负钢筋应
有总量的 1/2 拉通,顶部钢筋按计算配筋全部贯通;受力钢筋直
径不应小于 10 mm,间距不应大于 200 mm。

6.4.13 地下室外墙板厚度不得小于 250 mm,墙板内应设置双
面双向钢筋,钢筋配置除满足承载力要求外,竖向和水平受力钢
筋的直径不应小于 10 mm,间距不应大于 200 mm。

6.4.14 地下室混凝土抗渗等级不宜低于 S6;外墙板及底板应进
行抗裂及裂缝宽度验算,裂缝宽度不得大于 0.2 mm,并不得贯
通;外墙板迎水面及底板底面钢筋混凝土保护层应符合现行国家
标准《混凝土结构设计规范》GB 50010 的有关规定,并应采用相
应的建筑防水措施。

6.4.15 地下室顶板宜采用现浇钢筋混凝土楼板;当顶板采用木
楼盖体系时,地下室外墙应按悬臂结构计算。

6.4.16 当轻型木结构建筑采用砌体基础墙时,预制实心混凝土砌
块基础墙顶部应设置圈梁,圈梁高不应小于 200 mm,混凝土强度等
级不应低于 C20,圈梁内配置不应小于 4Φ12 的纵筋和 Φ6@200 的
箍筋。

Ⅲ 基础与木结构连接

6.4.17 混凝土基础墙或墙顶圈梁顶部应设置经防腐处理的地梁板;地梁板与混凝土基础墙或墙顶圈梁可采用预埋螺栓连接或化学粘结后锚固螺栓连接;承受楼面荷载的地梁板截面不得小于40 mm×90 mm。

6.4.18 地梁板与基础墙的连接螺栓应采用热浸镀锌螺栓,连接螺栓承担由侧向力产生的全部基底水平剪力;螺栓直径不得小于12 mm,间距不应大于2.0 m,埋入深度不得小于300 mm;每根地梁板两端应各有1根锚栓,端距为100 mm~300 mm。

6.4.19 木骨架剪力墙边界构件与基础应有可靠锚固;当需要时,可采用金属拉条或抗拔锚固件连接,连接的设计应符合本标准第6.3节的相关规定。

6.4.20 独立柱底部与基础应保持紧密接触,并有可靠锚固;柱与基础可采用预埋钢板或抗拔锚固件连接,金属件与木柱连接螺栓的直径和数量应按计算确定,但同一连接部位至少应使用2个螺栓,螺栓直径不应小于12 mm。

6.4.21 与基础顶面连接的地梁板应采用直径不小于12 mm的锚栓与基础锚固,锚栓间距不应大于2.0 m;锚栓埋入基础深度不应小于300 mm,每根地梁板两端应各布置1根锚栓,端距为100 mm~300 mm。

7 防火设计

7.1 基本设计原则

7.1.1 轻型木结构建筑构件的燃烧性能和耐火极限应符合表 7.1.1 的规定。

表 7.1.1 轻型木结构建筑构件的燃烧性能和耐火极限

构件名称	燃烧性能和耐火极限(h)
防火墙	不燃性 3.00
承重墙、住宅建筑单元之间的墙和 分户墙、楼梯间和前室的墙	难燃性 1.00
电梯井的墙	不燃性 1.00
非承重外墙	难燃性 0.75
疏散走道两侧的隔墙	难燃性 0.75
房间隔墙	难燃性 0.50
承重柱	可燃性 1.00
梁	可燃性 1.00
楼板	难燃性 0.75
屋顶承重构件	可燃性 0.50

构件名称	燃烧性能和耐火极限(h)
疏散楼梯	难燃性 0.50
吊顶(包括吊顶搁栅)	难燃性 0.15

注:1 当同一幢轻型木结构建筑存在不同高度的屋顶时,较低部分的屋顶承重构件和屋面不应采用可燃性构件;当采用难燃性屋顶承重构件时,其耐火极限不应低于0.75 h。

2 对于轻型木屋顶,除防水层、保温层及屋面板外,其他部分均应视为屋顶承重构件,且不应采用可燃性构件,耐火极限不应低于0.50 h。

3 当轻型木结构建筑为4层时,表内承重墙、承重柱、楼梯间和前室的墙、住宅建筑单元之间的墙和分户墙、疏散楼梯相应的耐火极限应分别提高0.50 h,楼板的耐火极限不应低于1.00 h。

7.1.2 混合轻型木结构公共建筑中的疏散楼梯应采用耐火极限不低于1.00 h的不燃烧体。

7.1.3 混合轻型木结构民用建筑中的混凝土结构、砌体结构或钢结构等其他结构的建筑耐火等级应符合现行国家标准《建筑设计防火规范》GB 50016的有关规定。

7.1.4 轻型木结构建筑的最多层数为4层,防火墙间的最大允许建筑面积为1 800 m²,防火墙间的允许建筑长度应符合表7.1.4的规定。

表7.1.4　防火墙间最大允许建筑长度

建筑的结构形式	最多允许层数	轻型木结构的层数	防火墙间的最大允许长度(m)
轻型木结构	4	1	100
		2	80
		3 或 4	60

注:1 7层及7层以下的上、下混合轻型木结构,上部木结构不超过4层。

2 当建筑内设置自动喷水灭火系统时,防火分区的最大允许建筑面积或防火墙间的允许建筑长度可按上述规定增加1.0倍。

7.1.5 老年人照料设施,托儿所、幼儿园的儿童用房和活动场所设置在轻型木结构建筑内时,应布置在首层或二层。

7.1.6 既有非木结构建筑应符合现行国家标准《建筑设计防火规范》GB 50016 中耐火等级一、二、三级规定。当建筑顶部加建平改坡屋盖时,应不改变原建筑耐火等级;如该建筑下部设置有防火墙时,应将防火墙延伸出不燃烧体屋面板并隔断木结构屋盖。

7.1.7 轻型木结构和混合轻型木结构建筑木结构部分的安全疏散距离应满足现行国家标准《建筑设计防火规范》GB 50016 中 II 级木结构建筑的安全疏散距离设计要求。

7.2　防火间距

7.2.1 轻型木结构建筑之间及轻型木结构建筑与其他民用建筑的防火间距应符合现行国家标准《建筑设计防火规范》GB 50016 的有关规定。

7.2.2 轻型木结构建筑与厂房和仓库等其他建构筑物之间的防火间距应符合现行国家标准《建筑设计防火规范》GB 50016 的有关规定。

7.3　防火分隔

7.3.1 轻型木结构的墙体、楼板、吊顶或屋顶下的密闭空间应设置防火分隔,具体设置方法应符合下列规定:

  1 在墙体的密闭空间中,防火分隔的位置应满足下列要求:

    1)位于每层楼面层高处;

    2)当顶棚有耐火极限要求时,在每层顶棚的位置;

    3)墙体构件中长度超过 20 m 水平空间(例如用于固定墙面石膏板的水平龙骨);

    4)竖向空间的高度超过 3 m 时。

2 当墙体内两排墙骨柱之间的密闭空间的厚度不超过25 mm 或内填矿棉时,可不增加防火分隔措施。

3 对于弧型转角吊顶、下沉式吊顶以及局部下沉式吊顶,在构件的竖向空间与横向空间的交汇处,应采取防火分隔措施;墙体的顶梁板、底梁板及楼盖中的端部桁架以及端部支撑可视作隔火构件。

4 在墙体内的顶梁板、楼板中的外层搁栅、楼板端部的过梁搁栅均可视作防火分隔。

5 楼梯梁在与楼盖交接的最后一级踏步处必须增加防火分隔。

6 当管道穿过楼板,开孔周围应采用不可燃材料填塞密封或采用试验确定的防火分隔。

7 烟囱周围楼盖与烟囱的空隙中,应设竖向防火分隔。

8 楼盖和屋盖内开敞空间中应设水平防火分隔,且空间应按照下列防火分隔的要求分隔成小空间:

1）每个空间的面积不得超过 300 m^2;

2）每个空间的宽度或长度不得超过 20 m。

7.3.2 除孔槽周围防火分隔外,防火分隔可采用以下材料:

1 截面为 40 mm 宽的规格材或由两层截面 20 mm 宽的规格材拼接而成。

2 12 mm 厚石膏板。

3 12.5 mm 厚结构胶合板或定向刨花板。

4 0.38 mm 厚钢板。

5 6 mm 厚无机增强水泥板。

7.3.3 平改坡屋盖应符合下列规定:

1 平改坡屋盖只作装饰型,屋盖内不得具有任何使用功能。

2 屋盖部分可开设检修孔和通风口。

3 屋顶采用的泛光照明设施的电线电缆不应穿越木结构屋盖,且应按本标准第 7.4 节的要求采取防火保护措施。

7.4 电线电缆与设备防火

7.4.1 电线电缆的防火设计应满足现行国家标准《建筑设计防火规范》GB 50016 和现行上海市工程建设规范《民用建筑电线电缆防火设计规程》DGJ 08—93 的要求,并应符合下列规定:

1 用于重要的轻型木结构公共建筑的电源主干线路,应采用矿物绝缘电缆。

2 电线明敷时,应采用金属管或金属线槽敷设。

3 电线暗敷时,应采用金属管或阻燃型塑料管敷设。消防用电设备的线路应采用经阻燃处理的电线电缆,且应穿金属管或金属线槽敷设。

4 矿物绝缘电缆可采用支架或沿墙明敷。

7.4.2 空气调节系统应符合下列规定:

1 设备和风管的绝热材料、用于加湿器的加湿材料、消声材料及其粘结剂,宜采用不燃材料,不应采用可燃材料。

2 风管内设置电加热器时,电加热器的开关应与通风机的启停联锁控制;电加热器前后各 800 mm 范围内的风管和穿过设置有火源等容易起火房间的风管,均应采用不燃材料。

7.4.3 壁炉应符合下列规定:

1 用于供暖的烟囱应采用不燃材料制作,且宜设置在建筑的外墙处,且烟囱与轻型木结构外墙之间的净距不应小于 12 mm。

2 用于供暖的烟囱设置在建筑内时,应符合下列规定:

    1)当烟囱采用砖等非金属不燃材料制作时:

      (1)与轻型木结构相邻部位的壁厚不应小于 240 mm;

      (2)与轻型木结构之间的净距不小于 50 mm,且周围具备良好的通风环境。

    2)当烟囱采用金属材料制作时:

      (1)应采用厚度不小于 70 mm 的矿棉保护层;

（2）应外包耐火极限不低于 1.00 h 的防火板。

3 采用明火供暖的壁炉应安装金属网板或玻璃门。

7.4.4 燃气热水器应符合下列规定：

1 燃气管道的敷设应采用明敷。

2 管道穿越墙体时,应采用防火绝热措施,可采用不低于难燃性的材料包覆。

7.4.5 厨房的排油烟管道应符合下列规定：

1 穿越墙体的排油烟管道应采用金属材料制作。

2 应采用厚度不小于 70 mm 的矿棉保护层。

7.5 消防设施

7.5.1 轻型木结构和混合轻型木结构建筑木结构部分的消防设施、照明与疏散、防排烟系统的设置,应符合现行国家标准《建筑设计防火规范》GB 50016 中的规定,符合下列情况的区域和建筑应设室外消火栓给水系统：

1 居住人数大于或等于 500 人、建筑总面积大于 5 000 m² 或建筑大于 2 层的居住区和居住建筑。

2 公共建筑。

7.5.2 符合下列情况的建筑应设室内消火栓给水系统：

1 体积大于 5 000 m³ 的车站、码头、机场的候车(船、机)楼以及展览建筑、商店、旅馆建筑、医院建筑、图书馆建筑、综合楼、商住楼、公寓式办公楼、租赁式公寓、餐饮场所、科研楼等。

2 体积大于 10 000 m³ 办公楼、教学楼、会所、非住宅类居住建筑等。

3 独立建造的体积大于 5 000 m³ 的商业建筑。

7.5.3 室外和室内消火栓给水系统的用水量应按现行上海市工程建设规范《民用建筑水灭火系统设计规程》DGJ 08—94 的有关规定设计。

7.5.4 符合下列情况的建筑和场所应设置自动喷水灭火系统：

1 当设有风管集中空气调节系统,风管穿越户与户之间隔墙时,住宅的所有部位。

2 建筑面积大于 300 m² 且设有风管集中空气调节系统的办公区域的办公室和公共部位。

3 幼儿园、托儿所、医院、疗养院、学校、旅馆、宾馆,餐厅、酒吧、咖啡厅等餐饮场所,商店,体育场馆,展览厅等人员密集场所。

4 总建筑面积大于 3 000 m² 且设有风管集中空气调节系统的车站、码头、机场的候车(船)楼。

5 建筑层数超过 4 层的混合轻型木结构建筑。

7.5.5 不符合第 7.5.4 条规定的其他轻型木结构建筑宜设置自动喷水灭火系统。

7.5.6 自动喷水灭火系统的设置应符合下列规定：

1 建筑面积大于 300 m² 但不大于 1 000 m² 且设有风管集中空气调节系统时,其办公区域的办公室和公共部位可采用自动喷水局部应用系统。

2 建筑面积不大于 1 000 m² 的商店、餐饮场所可采用自动喷水局部应用系统；

3 自动喷水灭火的设计,应符合现行国家标准《自动喷水灭火系统设计规范》GB 50084 的规定。

7.5.7 符合下列情况的建筑和场所应设置火灾自动报警系统：

1 居住建筑的厨房、客厅。

2 儿童活动用房,医院的门诊楼和病房楼,疗养院的病房楼,任一楼层建筑面积大于 1 000 m² 或总建筑面积大于 3 000 m² 的旅馆建筑、餐饮场所,商店,展览厅等人员密集场所。

7.5.8 火灾自动报警的设置应符合下列规定：

1 居住建筑可设置火灾报警装置,火灾报警装置可采用单点式独立报警探头。

2 人员密集场所的火灾自动报警系统应采用区域或集中报

警系统。

3 火灾自动报警系统的设计,应符合现行国家标准《火灾自动报警系统设计规范》GB 50116 的规定。

7.5.9 旅馆、餐饮场所、商店等建筑和建筑层数为 4 层及以上的轻型木结构建筑(包括混合轻型木结构建筑)应设置漏电火灾报警装置。

7.6 施工现场防火措施

7.6.1 施工现场应设置灭火器、临时消防给水系统和应急照明等临时消防设施,并应符合现行国家标准《建设工程施工现场消防安全技术规范》GB 50720 的规定;灭火器的设置应符合现行国家标准《建筑灭火器配置设计规范》GB 50140 的规定。

7.6.2 临时消防设施应与在建工程的施工同步设置,并应与在建工程主体结构施工进度相同。

7.6.3 施工现场或其附近应设置消防水源和加压设施,并应满足施工现场临时消防用水的水压和水量要求。

7.6.4 建造高度大于 15 m 的木结构工程,应设置临时消防设施。

7.6.5 木构件应放置在通风良好的堆场或仓库内,并应符合下列规定:

1 堆放场地应平整、坚实,并应配备临时灭火器材和临时消防应急照明等消防设施,灭火器的数量不应少于 2 具。

2 堆场或仓库内不应明火作业。

3 堆场或仓库内不应使用高热灯具,使用普通灯具与木构件距离不宜小于 300 mm。

4 堆场或仓库内应设置疏散通道,疏散通道的净宽度不应小于 1.0 m;双面堆放时,疏散走道的净宽度不应小于 1.5 m。

7.6.6 施工阶段木结构工程的每个楼层均应至少设置 1 个安全

出口;临时疏散通道的设置应符合现行国家标准《建设工程施工现场消防安全技术规范》GB 50720 的规定。

7.6.7 施工现场动火作业应符合现行国家标准《建设工程施工现场消防安全技术规范》GB 50720 的相关规定。

7.6.8 焊接、切割、烘烤或加热等动火作业前,应对作业现场及其附近无法移走的可燃物采用不燃材料进行覆盖或隔离。

7.6.9 构件加工和施工产生的可燃、易燃建筑垃圾或余料,应及时清运。

8 暖通空调与电气设计

8.1 一般规定

8.1.1 本章节内容适用于木结构民用建筑的气密性、节能、空气调节、电气设计及该类建筑内人员正常活动所产生污染物的通风设计。

8.1.2 本章节内容不适用于室内车库。

8.2 热环境和建筑节能设计指标

8.2.1 居住建筑室内计算温度：

    1 冬季卧室、起居室：18℃。

    2 夏季卧室、起居室：26℃。

8.2.2 公共建筑室内计算温度：

    1 冬季：一般房间 20℃；

                 大堂过厅 18℃。

    2 夏季：一般房间 25℃；

                 大堂过厅 26℃。

8.2.3 居住建筑居住单元的设计新风量应符合现行上海市工程建设规范《住宅设计标准》DGJ 08—20 的规定；公共建筑中的设计新风量应符合现行国家相关节能设计标准的规定。

8.3 建筑和建筑热工设计

8.3.1 建筑群的规划设计，对于单体建筑的平面设计和门窗的设置应符合下列规定：

1 冬季应有利于日照,夏季应有利于自然通风。

2 建筑的朝向宜采用南北或接近南北。

3 主要房间应避免夏季受东、西向日晒。

8.3.2 轻型木结构建筑的平、立面不应出现过多的凹凸;建筑层数不大于 3 层时,体形系数不得超过 0.55;4 层~6 层时,不得超过 0.40。

8.3.3 轻型木结构建筑的围护结构热工性能参数应符合表 8.3.3-1 的规定;轻型木结构外窗热工性能参数应符合表 8.3.3-2～表 8.3.3-4 的规定;轻型木结构居住建筑的外窗(包括阳台门的透明部分)的窗墙比应不超过表 8.3.3-5 的规定。

表 8.3.3-1　轻型木结构建筑围护结构传热系数限值

围护结构部位	传热系数 K [W/(m² · K)]
屋面	≤0.4
外墙	≤0.5
底面接触室外空气的架空或外挑楼板	≤0.7
分户墙和楼板	≤0.8
户门	≤2.5

表 8.3.3-2　轻型木结构居住建筑外窗传热系数限值

单一立面窗墙比	传热系数 K [W/(m² · K)]
窗墙比≤0.40	≤2.2
0.40<窗墙比≤0.50	≤2.0
窗墙比>0.50	≤1.8

表 8.3.3-3　轻型木结构居住建筑外窗综合遮阳系数限值及外遮阳要求

开间窗墙比	外窗综合遮阳系数 SC_w 及外遮阳要求		外窗玻璃遮阳系数
	东、西向	南向	
开间窗墙比≤0.25	/	/	≥0.60
0.25<开间窗墙比≤0.30	≤0.45	≤0.50	

续表 8.3.3-3

开间窗墙比	外窗综合遮阳系数 SC_W 及外遮阳要求		外窗玻璃遮阳系数
	东、西向	南向	
0.30＜开间窗墙比≤0.35	设置外遮阳并使外窗综合遮阳系数≤0.40	≤0.45	≥0.60
0.35＜开间窗墙比≤0.50	设置外遮阳并使外窗综合遮阳系数≤0.35	设置外遮阳并使外窗综合遮阳系数≤0.40	
开间窗墙比＞0.50	设置外遮阳并使外窗综合遮阳系数≤0.25	设置外遮阳并使外窗综合遮阳系数≤0.25	

注：1 表中的"东、西"指从东或西偏北 30°(包括 30°)至偏南 60°(包括 60°)的范围；"南"指从南偏东 30°至偏西 30°的范围。

2 楼梯间、外走廊的窗可不按本表执行。

表 8.3.3-4 轻型木结构公共建筑外窗传热系数和综合遮阳系数限值

围护结构部位		传热系数 K $[W/(m^2 \cdot K)]$		
外窗(包括玻璃幕墙)		传热系数 K $[W/(m^2 \cdot K)]$	夏季综合遮阳系数 SC_W (东、南、西向/北向)	
单一立面外窗 (包括透光幕墙)	窗墙比＜0.25	≤2.2	—	设置完全遮住透光部分的活动外遮阳时，遮阳系数视作满足要求，不必另外计算限值
	窗墙比＜0.30		≤0.45/—	
	0.30＜窗墙比≤0.40	≤2.0	≤0.40/0.50	
	0.40＜窗墙比≤0.50		≤0.35/0.45	
	0.50＜窗墙比≤0.70	1.8	≤0.30/0.40	
	窗墙比＞0.70	1.5	≤0.25/0.35	
屋顶透光部分	面积比光 0.20	≤2.2	≤0.30	

表 8.3.3-5 轻型木结构居住建筑不同朝向窗墙比的限值

朝向	窗墙比
北	≤0.35
东、西	≤0.25
南	≤0.50

8.3.4 当居住建筑体形系数或围护结构热工性能不能全部满足第8.3.2条和第8.3.3条的要求时,必须按现行国家节能设计标准中的相关规定进行权衡判断。

8.3.5 围护结构的外表面宜采用浅色饰面材料。

8.3.6 建筑的外窗(包括阳台的透明部分)宜设置外部遮阳,遮阳装置除能有效地遮挡太阳辐射外,还应避免对窗口的通风性能产生不利影响;提倡采用活动式的外遮阳。

8.3.7 宜设置太阳能热水器系统或预留系统安装位置。

8.4 建筑气密性设计

8.4.1 应采取有效措施提高整个建筑围护结构的气密性,应在与相邻单元、车库、非调温调湿的地下室、架空层以及自然通风屋顶空间之间设置气密层。

8.4.2 建筑围护结构必须具有连续的气密层,避免空气中的蒸汽在建筑围护结构内冷凝,并应在下列连接点和接触面做好气密层的局部密封工作处理:

1 不同构件或不同材料之间的连接点和接触面。

2 柔性材料之间的连接点或搭接,搭接尺寸不小于100 mm,并应夹紧。

3 如果采用外墙板作为连续气密层,外墙板之间应采用胶带粘接或其他方法密封。

4 墙与带有气密层的外墙、顶棚、楼板或屋顶相交处,应确保气密层的连续性。

5 内墙伸出顶棚或延伸成外墙处,应密封墙内空间,确保气密层的连续性。

6 楼板伸出外墙或延伸成为室外楼板处,应确保邻近墙体和楼面构件之间气密层的连续性。

7 门、窗、电线、电线盒、管线或管道等的安装,应确保气密层连续完整。

8 在气密性吊顶顶棚及气密性底层地面等组件上有检修盖板时,该盖板四周应设置密封条。

9 烟囱或出气口与其周围结构之间的间隙应采用不燃材料密封。

8.4.3 无架空层、地下室的建筑,底层混凝土地坪宜采用挤压聚苯乙烯板进行保温。

建筑的外窗(包括阳台的透明部分)应具有良好的密闭性能,外窗气密性等级不应低于现行国家标准《建筑外门窗气密、水密、抗风压性能检测方法》GB/T 7106 中规定的 6 级:$1.0 < q_1 \leqslant 1.5 \ \text{m}^3/(\text{m} \cdot \text{h})$,$3.0 < q_2 \leqslant 4.5 \ \text{m}^3/(\text{m}^2 \cdot \text{h})$。

8.5 供暖、通风和空气调节设计

8.5.1 集中供暖、空气调节系统的热、冷源及设备的选择,应根据建筑规模、使用特征、资源情况,结合当地能源结构及其价格政策、环保规定及用户的经济承受能力等综合因素,经技术经济分析比较确定。

8.5.2 集中供暖、空气调节系统的热、冷源,有条件时,宜采用冷、热、电联供系统;在工厂区附近时,应优先利用工业余热和废热;有条件时,应积极利用可再生能源,如太阳能、地热能等。

8.5.3 在采用集中供暖或集中空气调节系统时,应设计分户冷热量计量装置。

8.5.4 严禁将分体式空气调节器(含风管机、多联机)的室外机置于空气流动不通畅的空间内,防止进、排风之间气流短路;室外机的设置应方便维护,并应避免热气流和噪声对周围环境造成不利影响。

8.5.5 轻型木结构建筑中的房间与空间应设置通风系统,并应满足下列要求:

1 当采用自然通风方式时,其可开启外窗的净开启面积或净通风面积应满足表8.5.5的要求。

表8.5.5 自然通风面积要求

所处位置	可自由开启的净通风面积
浴室、厕所、洗衣房	地板面积的4%,大于0.15 m^2 时取0.15 m^2
卧室、起居室、餐厅、厨房、小房间、组合房间、娱乐室及其他居住房间	地板面积的4%,大于0.5 m^2 时取0.5 m^2

2 当采用机械通风系统时,每个使用单元的进、排风的风量宜平衡;机械通风系统可采用机械排风系统、机械进风系统或具有进、排风同时作用的机械通风系统;机械进风系统的风量应结合使用单元的新风需求量确定。

3 当居住建筑的浴室、厕所及洗衣房等潮湿房间设置机械排风系统时,排风量应符合下列规定:

　　1)采用间断运行方式时,排风量不小于100 m^3/h;

　　2)采用持续工作方式时,排风量不小于35 m^3/h。

4 当公共建筑的卫生间设置机械排风系统时,排风换气次数宜为10次/h~15次/h。

5 当新风采用自然补风或机械送风方式时,补风口或送风口应设置在每个居住空间内。

6 所有通风系统的管道应满足气密性要求,通风设备、风管及配件等接缝处应有密封措施。

7 风管的尺寸与风机参数可根据通风量及风管的走向与长度计算确定。

8.5.6 当室内装有利用室内空气燃烧的设备时,在下列情况下应采用局部补偿室外空气的方法满足居住空间内空气量的平衡:

1 采用机械排风或自然通风系统的居住单元。

2 在具有机械送风系统的居住单元中,燃烧设备满负荷运行时的最大排气流量超过居住空间的允许燃烧空气量。

8.5.7 室外新风口应远离各种排风口或排烟口,并应设于排风口的上风侧,公共建筑水平距离宜大于 5 m,住宅建筑不宜小于 3 m。

8.5.8 室外新风取风口和各种排风、排烟口均应直接接至室外。

8.5.9 在设置集中回风口或集中排风口的建筑内,使用单元内各房间之间的门与地板之间应有一个不小于 15 mm 的空隙或面积相当的空气转换格栅。

8.5.10 轻型木结构建筑中,经冷/热处理的风管、室外进风管、空调冷/热水管和空调冷凝水管均应进行绝热处理,并应采用低蒸汽渗透率材料隔汽,防止水汽凝结。

8.5.11 供暖、通风和空气调节设计宜确保室内相对湿度低于 70%。

8.5.12 暖通空调系统的节能设计应符合现行上海市工程建设规范《居住建筑节能设计标准》DGJ 08—205 和《公共建筑节能设计标准》DGJ 08—103 的规定。

8.6 电气与智能设计

8.6.1 电气设计应采用提高建筑用电能效的配电技术与用电设备。

8.6.2 电气设计应推广建筑照明节能的光源技术与灯具产品。

8.6.3 电气设计宜采用降低各类建筑机电设备能耗的智能控制技术方式。

8.6.4 电气设计宜采用提高建筑环境能效的运行管理模式。

9 防护设计

9.1 一般规定

9.1.1 轻型木结构应采取防水、防潮、防腐朽和防白蚁措施,应保证结构和构件在设计使用年限内正常工作。

9.1.2 室外木材所用涂料应防老化,以降低建筑维护需求;工程木材料(如胶合木)不宜暴露于二层以上室外环境;二层及二层以上建筑采用木质外墙防护板时,不宜采用透明涂料;四层以上不宜采用木质外墙防护板。

9.2 防水、防潮

9.2.1 轻型木结构建筑宜采用悬挑来降低外墙、外部门窗、阳台等的外部环境暴露程度,悬挑最小水平宽度宜采用表 9.2.1 来设计(图 9.2.1)。

表 9.2.1 悬挑最小水平宽度

墙高(mm)	悬挑最小水平宽度(mm)
≤3 000	300
≤5 500	500
>5 500	750

9.2.2 轻型木结构外墙应采用排水通风外墙,具体墙体结构可按本标准附录 E 设计。

9.2.3 外墙防护板和外墙防水膜应完整连续,应确保墙体与窗、门、通风口及插座等连接处的防水连续性。

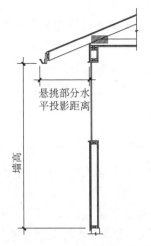

图 9.2.1 悬挑率计算示意图

9.2.4 外墙防水膜应直接铺设在刚性外墙木板外侧；当防水膜横缝搭接时，搭接处上层防水膜应覆盖下层防水膜，搭接宽度不宜小于 100 mm；当防水膜竖缝搭接时，搭接宽度不宜小于 300 mm；或搭接不宜小于 100 mm，并进行粘接；外墙防水膜的正反面安装应遵循厂商要求。

9.2.5 排水通风外墙的防水膜或者刚性外隔热板上可竖向铺设厚度不小于 10 mm、宽度为 40 mm 的钉板木条，与墙骨柱采用螺钉连接；钉板木条应使用防腐处理木材；螺钉应满足防腐蚀要求。

9.2.6 外墙的排水通风空气层应符合下列规定：

　　1 净厚度不应小于 10 mm；有效空隙不宜低于排水通风空气层总空隙的 70%。

　　2 应保证向外排水、通风；排水高度不宜高于二层楼高度。

　　3 当该层和外墙防护板被穿洞、金属泛水板穿过时，应有相应细部处理，以避免外部水分进入空气层；穿洞处空气层内的任何水分应沿重力排向外侧。

　　4 该空气层的上、下开口处必须设置连续的防虫网，以防止白蚁和其他昆虫进入。

9.2.7 墙体内外层的蒸汽渗透率应符合下列规定：

1 外墙板以外墙体部件，包括外墙板、防水膜、外隔热层应具有较低的蒸汽渗透率；外墙板以内墙体部件的复合蒸汽渗透率应大于 2 倍的墙体外层的复合蒸汽渗透率；对排水通风外墙，空气层以外部件（外墙防护板）的蒸汽渗透率不计入外墙的复合蒸汽渗透率。

2 不应在墙体内侧使用蒸汽阻隔材料，如聚乙烯薄膜、低蒸汽渗透率涂料、乙烯基或金属膜覆面材料或其他较低蒸汽渗透率的内装饰材料。

9.2.8 外墙防护板底部高出室外地坪不应小于 250 mm，外墙防护板和防水膜应与混凝土基础墙或混凝土楼板外侧面搭接，且搭接长度不应小于 25 mm。当搭接长度不足时，应加设金属泛水板，或采取其他防渗措施（图 9.2.8）。

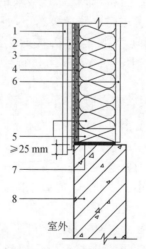

1—外墙防护板；2—防腐处理木条形成的排水通风空气层；3—外墙防水膜；
4—外墙板；5—墙骨柱、地梁板及保温隔热层；6—内墙板；
7—地梁板下防潮膜；8—混凝土基础墙

图 9.2.8-1　外墙防护板与基础搭接示意图

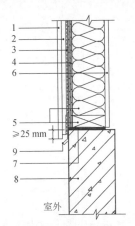

1—外墙防护板；2—防腐处理木条形成的排水通风空气层；3—外墙防水膜；
4—外墙板；5—墙骨柱、地梁板及保温隔热层；6—内墙板；
7—地梁板下防潮膜；8—混凝土基础墙；9—金属泛水板

图 9.2.8-2 泛水板与基础搭接示意图

9.2.9 在外墙防护板的水平连接处、水平偏置处、水平转换处
(图 9.2.9)等位置,应设置泛水板;泛水板设计时,应考虑木骨架

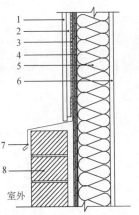

1—外墙防护板；2—防腐处理木条形成的排水通风空气层；3—外墙防水膜；
4—外墙板；5—墙骨柱及保温隔热层；6—内墙板；7—泛水板；8—外墙砖体防护层
注:在外墙防护板 1 和 8 的水平连接处和水平偏置处应设置泛水板 7。

图 9.2.9-1 外墙防护板连接处构造示意图

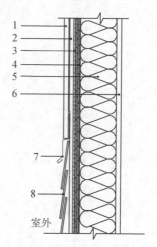

室外

1—外墙防护板;2—防腐处理木条形成的排水通风空气层;3—外墙防水膜;
4—外墙板;5—墙骨柱及保温隔热层;6—内墙板;7—泛水板;8—外墙木质防护板

注:在外墙防护板1和8的连接处需要设置泛水板7。

图 9.2.9-2　外墙防护板偏置处构造示意图

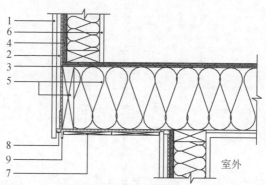

室外

1—外墙防护板;2—防腐处理木条形成的排水通风空气层;3—外墙防水膜;4—外墙板;
5—墙骨柱及保温隔热层;6—内墙板;7—楼盖底面;8—防虫网;9—泛水板

注:因为下面墙体的水平偏置,形成了悬挑保护(不小于100 mm),所以该外墙顶
部不需要设置泛水板。

图 9.2.9-3　外墙防护板转换处构造示意图

收缩和其他原因可能引起的竖向位移,以确保泛水板向外倾斜度不低于 5%;泛水板两端应设置侧面挡板及端部导流,以确保向外排水。

9.2.10 不同高度的两面外墙相交时,相交处防护层必须连续完整,并应确保向外排水。

9.2.11 暴露矮墙顶部的防水应使用金属泛水板和柔性防水膜组成的双层防护层,防护层向外坡度不宜小于 5%。

9.2.12 非保温外墙(如阳台分隔墙,阳台护墙等)的防水构造可与保温外墙相同,并应在墙上增设通风构造(图 9.2.12)。

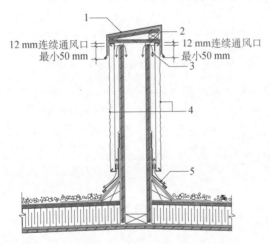

1—由金属泛水板、柔性粘合防水膜及经防腐处理的胶合板构成的顶部构造;
2—墙体外墙板低于墙顶板 12 mm,形成连续的水平通风口;
3—风道;4—排水通风外墙;5—风道口

图 9.2.12-1 屋顶墙构造示意图

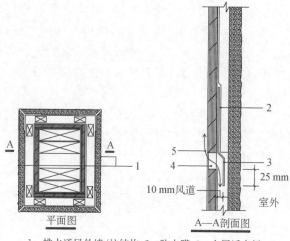

1—排水通风外墙/柱结构;2—防水膜;3—金属泛水板;
4—外墙板上 25 mm 宽的连续通风口;5—风道

图 9.2.12-2 非保温外墙通风构造

9.2.13 外部门、窗的防水构造(图 9.2.13)应符合下列规定:

1 防止水分自门、窗框渗入木骨架或内外墙板。

2 门框基木、窗台基木上的防水膜必须分别延伸到竖向的门框、窗框,延伸高度不应小于 200 mm。

3 门、窗框内缘预留孔洞处应作密封处理,确保气密层和防水层应连续。

4 门框基木、窗台基木处应设置泛水板,保护其下的外墙防护板。

5 门、窗上端墙体防水膜后应设置顶部泛水板。

6 顶部泛水板和基木泛水板应设置侧面挡板,并向外倾斜。

7 窗台的防护层坡度不宜小于 5%。

8 外门应设置雨篷或其他悬挑保护,悬挑水平宽度宜不小于 500 mm。

9 雨篷或其他悬挑保护的两侧距离应宽于门洞,每侧宽出不宜小于 500 mm。

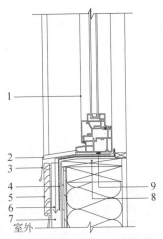

1—窗户;2—泛水板侧面挡板;3—带坡度的金属泛水板;
4—窗户基本上的防水膜,沿垂直窗框向上延伸 200 mm,并与下面墙体的防水膜搭接;
5—窗饰线;6—窗户基木处水分从排水通风空气层排出;
7—由防腐处理木条构成的排水通风空气层;
8—连续气密层及第二道防水层(防水膜、坡度);9—内侧密封处理

图 9.2.13　窗防水构造示意图

9.2.14　屋顶、屋顶露台和阳台的设计、安装应确保防止水分渗入,防止蒸汽在内部产生冷凝。

9.2.15　屋面排水系统的设计和安装应满足现行国家有关屋面工程技术规范的要求。

9.2.16　平屋顶、屋顶露台和阳台的防水层表面均应设置排水坡度,坡度设计应考虑木骨架收缩和其他尺寸变化,最终坡度不小于 2%;任何次要排水口的设置不应高于屋顶或阳台门槛下的防水层。

9.2.17　如果采用通风坡屋顶,屋顶空间宜安装通风孔进行通风;自然通风时,通风孔总面积应不小于保温天花板顶棚面积的 1/300;通风孔应均匀设置,并应防止昆虫或雨水进入;天花板顶棚的蒸汽渗透率应大于 240 ng/(Pa·s·m²),不应设置蒸汽渗透率小的阻隔材料。

9.2.18 对于不通风屋顶,蒸汽渗透率应满足本标准第9.2.7条关于外墙体蒸汽渗透率的要求,在屋面板外,应设置蒸汽渗透率小于 60 ng/(Pa·s·m²)的蒸汽阻隔材料层,例如防水膜或外隔热板;气密性应满足本标准第8.4.2条关于屋顶以及屋顶与墙体交接处的气密性要求;隔热层宜安装在屋面板的外侧。

9.2.19 屋面与外墙交界处、天沟处、屋顶坡度或方向改变处、屋面开洞处,应安装泛水板;坡屋顶与屋顶上外墙或烟囱交接处,应安装马鞍形泛水板,确保排水。

9.2.20 女儿墙顶部应安装金属泛水板或混凝土压顶,宽度不应小于女儿墙宽度;泛水板或压顶下,应铺设防水膜;防水膜与外墙防水膜应搭接,搭接宽度不应小于 50 mm;泛水板与墙体外墙防护板应搭接,搭接宽度不宜小于 25 mm。

9.2.21 当采用瓦屋面时,瓦下应铺设防水卷材或其他屋面防水材料。瓦下防水卷材应从檐口起平行铺设,连接处应搭接。竖缝搭接时,搭接长度不宜小于 300 mm;横缝搭接时,搭接长度不宜小于 100 mm。

9.2.22 屋脊上应铺设屋脊木瓦或砖瓦,木瓦或砖瓦片向两侧的延伸距离不应小于 100 mm,搭接宽度不应小于 150 mm。

9.2.23 阳台的防水层可直接作为阳台的面层,应连续,宜采用强化 PVC 板或聚氨酯涂层,厚度不应小于 1.5 mm;阳台的防水层必须延伸到墙面并与外墙防水膜搭接,最小搭接长度不应小于 100 mm(图 9.2.23)。

9.2.24 屋顶露台(阳台)角落或露台(阳台)防水层与墙或柱的交接处应设置泛水板。

9.2.25 屋顶露台(阳台)的紧固件或其他部件不应穿透水平方向的防水层。

9.2.26 木墙体或楼盖必须采取有效措施防止水分(防水)或蒸汽(防潮)从地下渗入。

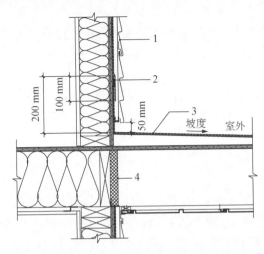

1—排水通风空气层和外墙防护板；2—阳台防水层与外墙防水膜搭接；
3—阳台防水层；4—喷洒聚氨酯泡沫形成连续气密层

图 9.2.23 阳台与外墙交接处细部处理示意图

9.2.27 建筑室内外高差不应小于 300 mm，低于室内地坪标高的木构件应经过防腐处理；竣工后周围地面应从建筑向周边放坡，最小坡度为 3%～5%。

9.2.28 轻型木结构与混凝土楼板之间应铺设防潮膜；基础墙或墙顶圈梁顶面必须平整，并铺垫宽度不小于地梁板的防潮膜隔离地梁板，防潮膜厚度不宜小于 2 mm，防潮膜搭接宽度不应小于 100 mm；地梁板外侧与防潮隔离层之间的间隙应采用密封胶封堵严密。

9.2.29 当未设地下室或架空层时，底层地坪以下应铺设连续、完整的防潮层，并应延伸到基础墙下；防潮层若有穿孔，应作局部密封处理；防潮层材料性能应满足本标准第 3.3.6 条的要求；混凝土楼板应浇筑在碎石夯实层上。

9.2.30 当设有架空层时，架空层空间宜高于 450 mm；单间架空层的入口不宜小于 500 mm×700 mm，多间架空层的入口不宜小于 550 mm×900 mm。

9.2.31 架空层、地下室宜按调温调湿居住空间设计,其墙体以及底层地面宜采用挤压聚苯乙烯板进行隔热保温,并满足相关防火要求。

9.2.32 当能够确保上层楼盖和架空层之间的气密性时,可采用通风架空层;该架空层采用机械通风时,排风和进风口应分别设置在架空层的对角处,每 100 m² 楼板的风口净面积不小于 150 cm²;当采用自然通风时,每 100 m² 楼板的通风净面积不小于 0.2 m²;通风口应均匀设置,并应防止雨水或昆虫进入。

9.2.33 当设有地下室或架空层时,架空层、地下室的底板和外墙应设置连续完整的防水层;防水层可以采用高分子防水卷材或防水涂料,满足现行国家相关标准的要求;外墙外应设置排水垫层。

9.2.34 架空层、地下室外墙外应设置地下排水管,将墙外的地下水引流至建筑外排水口,排水管直径不宜小于 100 mm,排水管铺设于混凝土底板表面标高以下至少 200 mm,并沿排水口方向放坡,坡度不宜小于 1:200;集水口开口上应铺设碎石层,其厚度不小于 300 mm,并应在碎石层上铺设土工织物或其他过滤材料,防止排水管淤塞。

9.2.35 架空层、地下室底板排水应排向地下排水管;排水口宜用碎石或其他材料覆盖,防止小动物进入。

9.2.36 混凝土框架结构安装非承重轻型木质外墙时,混凝土框架外侧宜安装岩棉硬质隔热板,减小热桥、冷凝;外墙应为排水通风外墙,外墙板上防水膜必须连续;每层楼板处宜设置泛水板,促进排水和通风。

9.2.37 在钢筋混凝土或砌体结构上设置木质屋盖时,宜采用预制坡屋顶;对屋顶空间进行通风,设计参照木结构通风坡屋顶;宜在上、下结构之间预留入口,方便检查。

9.2.38 当采用大型工程木材料,例如胶合木、正交层级木作为屋顶结构构件时,不宜在这些构件上直接铺设硬质塑料隔热板或防水膜,避免积水;如果在这些构件上安装屋面板,这些构件和屋面板之间宜留空气层,其厚度不小于 10 mm。

9.2.39 大型工程木构件和装配式构件等在施工过程中应采取额外防水措施,确保在安装隔热材料等之前木材含水率低于 18%。

9.3 防腐朽

9.3.1 所有暴露于室外环境且位于地面以上的木构件,包括外墙防护板和排水通风空气层的钉板木条,应采用防腐木材或天然耐腐木材,防止木材腐朽;室外用木构件,宜高出室外地面 200 mm;与土壤、混凝土和砖石直接接触的木构件,例如地梁板,应采用防腐木材。

9.3.2 防腐木材或天然耐久木材用作结构材时,应满足现行国家标准《木结构设计标准》GB 50005 及本标准中结构用材的相关要求。

9.3.3 工程木材料例如胶合板、胶合木暴露于室外环境时,应采用天然耐久木材制造或进行防腐处理;防腐处理可以在胶合之前或之后进行,防腐处理不应影响胶合性能和强度。

9.3.4 使用防腐处理木材应满足以下要求:

    1 硼处理木材不应用于长期暴露在雨水或积水的环境中。

    2 防腐处理后新锯木材的断面、锯口及钻孔,应采用同种防腐剂浓缩液或其他允许的防腐剂浓缩液进行补充处理。

9.4 防白蚁

9.4.1 在施工之前,应对场地周围的树木和土壤等,按下列规定进行白蚁检查和灭蚁工作:

    1 应清除地基中已有的白蚁巢穴和潜在的白蚁栖息地。

    2 地基开挖时应彻底清理掉树桩、树根和其他埋在土壤中的木材。

3 所有施工产生的木模板、废木材、纸质品及其他有机垃圾,应在建造过程中或完工后及时清理干净。

4 对从外面运来的木材、其他林产品、土壤和绿化用树木进行白蚁检疫,施工时不应采用任何受白蚁感染的材料。

5 按设计要求做好防治白蚁的其他各项措施。

9.4.2 轻型木结构建筑防白蚁设计应符合下列规定:

1 直接接地构件,包括基础和外墙,应采用混凝土结构;底层楼板应采用整浇混凝土楼板;混凝土构件的裂缝宽度不大于 0.2 mm;地下通往室内的设备电缆、管道孔缝隙,条形基础顶面和底层混凝土地坪之间的接缝,应采用防白蚁物理屏障或土壤化学屏障进行局部处理。

2 外墙的排水通风空气层的上、下开口处必须设置连续的防虫网,防虫网隔栅孔径应小于 1 mm。

3 地基的外排水垫层或外保温隔热层不宜高出室外地坪,否则宜作局部防白蚁处理。

9.4.3 轻型木结构建筑防白蚁除满足上述第 9.4.1 条和第 9.4.2 条要求外,尚应采取防白蚁土壤化学处理、白蚁诱饵系统或防白蚁物理屏障 3 项措施中至少 1 项,具体应符合下列规定:

1 防白蚁土壤化学处理应采用土壤防白蚁药剂,土壤防白蚁药剂的浓度、用药量和处理方法应满足国家有关规定及药剂产品的使用要求。

2 白蚁诱饵系统的使用应满足国家有关规定及药剂产品的使用要求,并确保其放置、维护和监控的有效期不小于 10 年。

3 白蚁物理屏障应符合相关规定,常用的物理屏障有防白蚁沙障、金属或塑料护网和环管、防白蚁药剂处理薄膜。

9.4.4 可采用防白蚁木材提高整幢木结构的抗白蚁性能;防白蚁木材包括防腐处理木材、天然耐腐木材等;在不直接接触土壤的情况下,天然抗乳白蚁木材可与防腐木材等同使用。

10 隔声设计

10.1 一般规定

10.1.1 轻型木结构和混合轻型木结构建筑内的噪声级,应符合现行国家标准《民用建筑隔声设计规范》GB 50118 中的允许噪声级规定。

10.1.2 轻型木结构和混合轻型木结构建筑中楼板和墙体的隔声性能,应符合现行国家标准《民用建筑隔声设计规范》GB 50118 中的隔声标准规定。

10.1.3 轻型木结构和混合轻型木结构建筑中墙体和楼盖的计权空气声隔声量可按本标准附录 F 取值。

10.2 隔声减噪措施

10.2.1 与住宅建筑配套而建的停车场、儿童游乐场或健身活动场地,其位置选择应避免对住宅产生噪声干扰。

10.2.2 当住宅建筑位于交通干线两侧或其他高噪声环境区域时,应根据室外环境噪声状况及本章第 10.1 节规定的室内允许噪声级,确定住宅防噪措施和设计具有相应隔声性能的建筑围护结构(包括墙体、窗、门等构件)。

10.2.3 在选择住宅建筑的体形、朝向和平面布置时,应充分考虑噪声控制的要求,并应符合下列规定:

    1 在住宅平面设计时,应使分户墙两侧的房间和分户楼板上、下的房间属于同一类型。

    2 宜使卧室、起居室(厅)布置在背噪声源的一侧。

3 对进深有较大变化的平面布置形式,应避免相邻户的窗口之间产生噪声干扰。

10.2.4 电梯不得紧邻卧室布置,也不宜紧邻起居室(厅)布置;受条件限制需要紧邻起居室(厅)布置时,应采取有效的隔声和减振措施。

10.2.5 当厨房、卫生间与卧室、起居室(厅)相邻时,厨房/卫生间内的管道、设备等有可能传声的物体,不宜设在厨房、卫生间与卧室、起居室(厅)之间的隔墙上;对固定于墙上且可能引起传声的管道等物件,应采取有效的减振、隔声措施;主卧室内卫生间的排水管道宜做隔声包覆处理。

10.2.6 水、暖、电、燃气、通风和空气调节等管线安装及孔洞处理应符合下列规定:

1 管线穿过楼板或墙体时,孔洞周边应采取密封隔声措施。

2 分户墙中所有电器插座、配电箱或嵌入墙内对墙体构造造成损失的配套构件,在背对背设置时应相互错开位置,并应对所开的洞(槽)有相应的隔声封堵措施。

3 对分户墙上施工洞口或剪力墙抗震设计所开洞口的封堵,应采用满足分户墙隔声设计要求的材料和构造。

4 相邻两户间的排烟、排气通道,宜采取防止相互串声的措施。

10.2.7 当轻型木结构建筑采用正交胶合木等整体性较好的墙体、楼板时,应采取防止结构声传播的措施。

10.2.8 住宅建筑的机电服务设备、器具的选用及安装,应符合下列规定:

1 机电服务设备宜选用低噪声产品,并应采取综合手段进行噪声与振动控制。

2 设置家用空气调节系统时,应采取控制机组噪声和风道、风口噪声的措施;预留空调室外机的位置时,应考虑防噪要求,避免室外机噪声对居室的干扰。

3 排烟、排气及给排水器具,宜选用低噪声产品。

10.2.9 商住楼内不得设置高噪声级的文化娱乐场所,也不应设置其他高噪声级的商业用房;对商业用房内可能会扰民的噪声源和振动源,应采取有效的防止措施。

10.2.10 机房、垃圾槽、电梯井、中央空气调节系统、循环水泵和其他机械设备不宜紧邻起居室(厅)和卧室;受条件限制需要紧邻起居室(厅)布置时,应采取有效的隔声和减振措施。

10.2.11 设置家用空气调节系统时,热泵机组应采取减振和隔声措施,并尽可能远离卧室;空调外机不得对邻居造成噪声干扰。

10.2.12 轻型木结构建筑和混合轻型木结构建筑宜采取下列控制噪声的构造措施:

1 墙体构件中的墙骨间距宜取 600 mm。

2 石膏板与石膏板、墙体与墙体的交接处、墙体与楼板的交接处以及墙体和天花板的交接处宜采取密封隔声措施。

3 相邻房间的搁栅、楼面板宜断开。

4 对隔声性能较高的建筑(房间),宜采用弹性材料或减振龙骨,减振龙骨宜安装在对隔声要求较高的房间一侧。

5 轻型木结构搁栅楼板宜采用 40 mm～50 mm 混凝土现浇层,并宜采用浮筑楼面。

11 施工与质量验收

11.1 施 工

11.1.1 轻型木结构工程施工人员应经岗位技能培训合格。

11.1.2 木材及木制品在运输、存放时,应避免遭水淋或曝晒;轻型木桁架等在装卸、运输和存放过程中,尚应确保构件不损坏、不变形。

11.1.3 直接支承地梁板的基础混凝土面宜随捣随抹,支承面的倾斜度不应大于 2‰。

11.1.4 当电气绝缘导管埋设距墙体、楼盖表面较近时,为防止在施工或使用中被钉刺破,应采取覆盖薄钢板等有效保护措施。

11.1.5 凡结构承重构件的安装遇到建筑设备影响时,应由设计单位出具变更设计文件,不得擅自处理。

Ⅰ 楼盖、屋盖

11.1.6 用于锚固地梁板的预埋锚栓规格、锚固长度应满足设计要求;当需要采用后置锚栓时,应经设计同意后方可实施,并按现行行业标准《混凝土结构后锚固技术规程》JGJ 145 执行锚栓抗拉拔、抗剪性能现场检测,检测结果应满足设计要求。

11.1.7 为便于地梁板的安装,地梁板留孔直径宜比锚栓直径大一档规格,并选用合适的垫圈,拧紧后锚栓丝扣应至少外露 2 扣。

11.1.8 楼板洞口四周所用封头和封边搁栅规格材应按设计文件洞口位置和尺寸,先固定里侧封边搁栅,再安装外侧封头搁栅和各断尾搁栅,最后钉合里侧封头搁栅和外侧封边搁栅。

11.1.9 楼面板与搁栅接触面应用结构胶粘接,并采用钉或螺钉连接;未铺钉楼面板前,不得在搁栅上堆放重物;搁栅间未设支撑前,人员不得在其上走动。

11.1.10 屋面椽条安装完毕后,应及时铺钉屋面板,屋面板铺钉不及时时,应设临时支撑;临时支撑可采用交叉斜杆形式,并应设在椽条底部;每根斜杆应至少各用1枚长度为80 mm的圆钉与每根椽条钉牢。

11.1.11 未铺钉屋面板前,椽条上不得施加集中力,也不得堆放成捆的结构板等重物。

11.1.12 采用桁架的屋盖施工应符合下列规定:

 1 桁架起吊时,应防止平面外弯曲损坏。跨度不超过 6 m 时,可采取单点吊;超过 6 m 时,应两点起吊。当两吊索组成的夹角大于 90°时,应设置临时钢梁后再进行吊装。

 2 吊装就位的桁架,应设临时支撑保持其安全和垂直度;但采用逐榀吊装时,第一榀桁架的临时支撑应有足够的能力防止后续桁架倾覆,支撑杆件的截面不应小于 40 mm×90 mm,支撑的间距应为 2.4 m~3.0 m,位置应与被支撑桁架的上弦杆的水平支撑点一致,应用 2 枚长度为 80 mm 的钉子与其他支撑杆件钉牢,支撑的另一端应可靠地锚固在地面或内侧楼板上(图 11.1.12)。

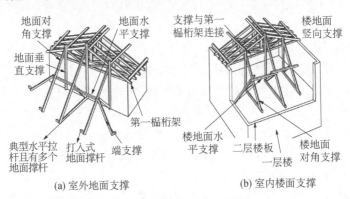

(a) 室外地面支撑　　　　　(b) 室内楼面支撑

图 11.1.12　屋面桁架的临时支撑

3 屋面板安装前,不得在桁架上堆放成捆的屋面板材或施加集中荷载。

11.1.13 桁架安装偏差应符合下列规定:

1 桁架整体平面外拱度或任一弦杆的拱度最大限制应为跨度或杆件节间距离的 1/200 和 50 mm 中的较小者。

2 全跨度范围内任一点处的桁架上弦杆顶与相应下弦杆底的垂直偏差限制应为上弦顶和下弦底相应点间距离的 1/50 和 50 mm 中的较小者。

3 桁架垂直度偏差不应超过桁架高度的 1/200,间距偏差不应超过 6 mm。

Ⅱ 墙 体

11.1.14 墙体木骨架可在平整场地上预先拼装,整体安装;也可在现场直接安装,但应对门窗、设备、管道等的预留位置留空处的墙体进行加固。

11.1.15 底梁板长度方向可用平接头对接,其接头不应位于墙骨底端;顶梁板宜采用 2 根规格材平叠,其长度方向可用平街头对接,且接头位于墙骨柱中心上,上、下层规格材接头应错开至少一个墙骨间距;顶梁板在外墙转角和内外墙交接处应彼此交叉搭接,并用钉相连。

11.1.16 墙骨柱校正后应及时设置临时支撑,并及时安装一侧的墙面板;在风力较大的条件下施工,应采取防止墙体倾覆的措施。

11.1.17 墙面板的竖向接缝应设置在同一墙骨柱上,且预留 3 mm 的间隙。当墙骨柱宽度为 40 mm 时,墙体两侧墙面板的竖向接缝应互相错开,不得位于同一根墙骨柱上;当墙骨柱的宽度大于或等于 65 mm 时,墙体两侧板竖向接缝可设在同一根墙骨柱上,但钉应交错布置。

11.1.18 填入墙内隔热材料的品种、规格、性能及隔热层厚度应满足设计要求;当填入的隔热层厚度小于墙骨柱高度时,为防止隔热材料下滑,应采取固定措施确保隔热层厚度均匀一致。

11.1.19 墙体后安装的另一侧墙面板安装,应在管线敷设、隔热、隔声材料填充完毕,屋盖防水完成后进行。

11.1.20 门、窗、檐口、勒脚等处,安装泛水板时,防水卷(块)材应覆盖泛水上口,保证向外倾斜坡度,确保向外排水。

11.2 质量验收

11.2.1 轻型木结构工程验收时应检查下列文件和记录:

   1 轻型木结构工程的施工图、设计说明及其他设计文件。

   2 材料的出厂合格证、相关性能的检测报告、进场验收记录和复验报告,进口产品还应提供中文说明书和商品检验报告。

   3 隐蔽工程验收记录。

   4 施工记录。

11.2.2 轻型木结构工程应对下列材料及其性能指标进行复验:

   1 规格材的含水率。

   2 圆钉的抗弯强度。

   3 民用建筑工程室内使用人造木板的游离甲醛含量或游离甲醛释放量。

   4 涉及结构用材(含构件)的其他复验项目,应符合现行国家标准《木结构工程施工质量验收规范》GB 50206 的规定。

11.2.3 轻型木结构工程应对下列隐蔽工程项目进行验收:

   1 地基土、回填土及房屋周边土壤防白蚁处理。

   2 墙体、楼(屋)盖内木构件的防腐、防虫处理。

   3 金属件的防锈处理。

   4 木骨架、木搁栅、木桁架等的安装。

   5 支撑、连接件、预埋件的安装。

   6 防火挡块的设置。

   7 保温、隔热、隔声、隔汽、防水和防潮处理。

11.2.4 轻型木结构分项工程的检验批应按楼层、变形缝、施工段进行划分。

11.2.5 每个检验批应至少抽查 10%，并不得少于 3 间（大空间房屋不少于 3 个轴线开间）；不足 3 间时，应全数检查。

11.2.6 检验批的合格判定应符合下列规定：

   1 抽查样本均应符合本标准主控项目的规定。

   2 抽查样本的 80% 以上应符合本标准一般项目的规定，其余样本不得有影响使用功能的缺陷，其中有允许偏差的检验项目，其最大偏差不得超过本标准规定允许偏差的 1.5 倍。

11.2.7 轻型木结构工程的质量验收除应执行本标准外，尚应符合国家和本市现行有关标准的规定，并应与现行国家标准《建筑工程施工质量验收统一标准》GB 50300 配套使用。

Ⅰ 主控项目

11.2.8 轻型木结构的承重墙（包括剪力墙）、柱、楼盖、屋盖布置、抗倾覆措施及屋盖抗掀起措施等，应符合设计文件的规定。

   检验方法：实物与设计文件对照。

11.2.9 规格材的树种、规格尺寸、应力等级、材质等级和防火、防腐、防虫处理应满足设计要求，木材含水率不得大于 20%，所有规格材均应有等级标识，并应按下列规定进行复验：

   1 同一产地、树种的规格材，每批进场后应随机抽取 1‰ 且不少于 50 个试件，进行木材含水率试验。

   2 规格材的材质、力学性能复验应按现行国家标准《木结构工程施工质量验收规范》GB 50206 执行。

   检验方法：观察；丈量检查；检查产品出厂合格证书、性能检测报告、进场验收记录、复验报告。

11.2.10 木基结构板材的类别、树种、等级和厚度应满足设计要求；当用于墙面板、楼面板或屋面板时，尚应进行力学性能试验。

   检验方法：观察；丈量检查；检查产品出厂合格证书、性能检测报告、进场验收记录、复验报告。

11.2.11 当用于民用建筑工程室内的人造木板使用面积大于 $500 m^2$ 时,应对不同产品、不同批次的游离甲醛含量分别进行复验,复验结果应符合现行国家标准《民用建筑工程室内环境污染控制标准》GB 50325 的规定。

检验方法:检查产品出厂合格证书、性能检测报告、进场验收记录、复验报告。

11.2.12 结构复合木材梁、搁栅、轻型木桁架等受弯构件的制作及连接件的材质、型号、规格、形状等应满足设计要求;其中,圆钉的抗拉强度,同一厂家生产的同一品种、统一规格至少抽取 10 枚进行复验。

检验方法:观察;丈量检查;检查产品出厂合格证书、性能检测报告、进场验收记录、复验报告。

11.2.13 桁架应由专业加工厂加工制作,并应有产品质量合格证书。

检验方法:实物与产品质量合格证书对照检查。

11.2.14 轻型木结构各类构件间连接的金属连接件的规格、钉连接的用钉规格和数量,应符合设计文件的规定。

检验方法:观察;丈量检查。

11.2.15 构件的支承、支撑、连接等构造应满足设计要求,不得松动。

检验方法:观察;用手推拉检查。

11.2.16 隐蔽空间内防火挡块的材质、规格、厚度及敷设部位应满足设计要求,安装应严密、无空隙。

检验方法:观察。

11.2.17 防水层、隔汽层和隔热层的材质、厚度及铺设应满足设计要求和符合相关标准的规定。

检验方法:观察;检查产品出厂合格证书、性能检测报告和复验报告。

11.2.18 木构件与混凝土或潮湿环境接触,应按设计要求采取防腐或防潮措施。

检验方法:观察;检查施工记录。

Ⅱ 一般项目

11.2.19 材料进场后应对品种、规格、外形尺寸等进行检查,并按规定进行存放,防止受潮或受压后变形。

检验方法:观察;丈量检查;检查验收记录。

11.2.20 构件的钻孔或开槽位置、尺寸应满足设计要求。

检验方法:丈量检查。

11.2.21 轻型木结构安装允许偏差和检验方法应符合表11.2.21的规定。

表11.2.21 轻型木结构安装的允许偏差和检验方法

项次	项目	允许偏差(mm)	检验方法
1	轴线位移	10	钢尺和吊线检查
2	楼层标高	±15	水准仪和钢尺检查
3	底(地)、顶梁板与支承面缝隙	3	塞尺检查
4	成排构件、支撑、连接件、规定的钉间距	+30	钢尺检查
5	墙骨柱、梁、桁架垂直度	5	2 m指针式靠尺或吊线、钢尺检查
6	墙骨柱、梁、桁架侧向弯曲	$L/1\,000$且不大于10	拉线和钢尺检查
7	墙体、楼(屋)面表面平整度	5	2 m靠尺和塞尺检查覆面板一侧;若两侧均覆面,则两侧均要检查
8	梁、桁架、搁栅、椽条搁置长度	+10 −5	钢尺检查
9	搁栅间距	±40	钢尺检查

项次	项目	允许偏差（mm）	检验方法
10	搁栅截面高度	±3	钢尺检查
11	任3根搁栅、椽条间顶面高差	±1	钢尺检查
12	钉间距	+30	钢尺检查
13	钉头嵌入楼/屋面板表面的最大距离	+3	钢尺检查
14	板缝隙	±1.5	钢尺检查

12 装配式轻型木结构建筑

12.1 一般规定

12.1.1 装配式轻型木结构应采用系统集成的方法统筹设计、制作运输、施工安装和使用维护,实现全过程的协同。

12.1.2 装配式轻型木结构应模数协调、标准化设计,建筑产品、部品应系列化和多样化、通用化,预制木结构组件应符合少规格、多组合的原则,并应符合现行国家标准《民用建筑设计统一标准》GB 50352 的规定。

12.1.3 装配式轻型木结构应实现全装修,内装系统应与结构系统、围护系统、设备与管线系统一体化设计建造。

12.1.4 装配式轻型木结构宜采用建筑信息模型(BIM)技术,应满足全专业、全过程信息化管理的要求。

12.1.5 装配式轻型木结构应综合协调建筑、结构、设备和内装等专业,制定相互协同的施工组织方案,并应采用装配式施工。

12.1.6 装配式轻型木结构宜采用智能化技术,应满足建筑使用的安全、便利、舒适和环保等性能的要求。

12.1.7 装配式轻型木结构采用的预制板式组件应符合下列规定:

    1 应满足建筑使用功能、结构安全和标准化制作的要求。

    2 应满足模数化设计、标准化设计的要求。

    3 应满足制作、运输、堆放和安装对尺寸、形状的要求。

    4 应满足质量控制的要求。

    5 应满足重复使用、组合多样的要求。

12.2 预制板式组件

12.2.1 装配式轻型木结构预制板式组件包括墙体、楼盖、屋盖，基本模数应为 300 mm，预制板式组件尺寸应是基本模数的倍数。

12.2.2 预制墙体的墙骨柱、顶梁板、底梁板以及墙面板应按现行国家标准《木结构设计标准》GB 50005 和《装配式木结构建筑技术标准》GB/T 51233 的规定进行设计，并应符合下列规定：

    1 应验算墙骨柱与顶梁板、底梁板连接处的局部承压承载力。

    2 顶梁板与楼盖、屋盖的连接应进行平面内、平面外的承载力验算。

    3 外墙中的顶梁板、底梁板与墙骨柱的连接应进行墙体平面外承载力验算。

12.2.3 当非承重的预制墙体采用木骨架组合墙体时，其设计和构造要求应符合现行国家标准《木骨架组合墙体技术标准》GB/T 50361 的规定。

12.2.4 楼盖体系应按现行国家标准《木结构设计标准》GB 50005 的规定进行搁栅振动验算。

12.2.5 桁架式屋盖的桁架应在工厂加工制作；桁架式屋盖的组件单元尺寸应按屋盖板块大小及运输条件确定，并应满足结构整体设计的要求。

12.2.6 墙体、楼盖和屋盖应采用合理的连接形式，连接节点应具有足够的承载力和变形能力，并应采取可靠的防腐、防锈、防虫、放潮和防火措施。

12.3 制作、运输和储存

12.3.1 预制轻型木结构组件应按设计文件在工厂制作，制作单位应具备相应的生产场地和生产工艺设备，并应有完善的质量管理体系和试验检测手段,且应建立组件制作档案。

12.3.2 预制轻型木结构组件制作前应对其技术要求和质量标准进行技术交底,并应制定制作方案;制作方案应包括制作工艺、制作计划、技术质量控制措施、成品保护、堆放及运输方案等项目。

12.3.3 预制轻型木结构组件制作过程中,宜采取控制制作及储存环境的温度、湿度的技术措施。

12.3.4 预制轻型木结构组件在制作、运输和储存过程中,应采取防水防潮、防火防虫和防止损坏的保护措施。

12.3.5 预制轻型木结构组件检验合格后应设置标识,标识内容宜包括产品代码或编号、制作日期、合格状态、生产单位等信息。

12.4 安 装

12.4.1 装配式轻型木结构施工前应编制施工组织设计,制定专项施工方案;施工组织设计的内容应符合现行国家标准《建筑施工组织设计规范》GB/T 50502 的规定;专项施工方案的内容应包括安装及连接方案、安装的质量管理及安全措施等项目。

12.4.2 施工现场应具有质量管理体系和工程质量检测制度,实现施工过程的全过程质量控制,并应符合现行国家标准《工程建设施工企业质量管理规范》GB/T 50430 的规定。

12.4.3 装配式轻型木结构安装应符合现行国家标准《木结构工程施工规范》GB/T 50772 的规定。

12.4.4 装配式轻型木结构安装应按工期要求以及工程量、机械设备等现场条件、合理设计装配顺序,组织均衡有效的安装施工流水作业。

12.4.5 组件安装可按现场情况和吊装等条件采用下列安装单元进行安装:

1 采用工厂预制组件作为安装单元。

2 现场对工厂预制组件进行组装后作为安装单元。

3 同时采用第 1、2 款两种单元的混合安装单元。

12.4.6 预制组件吊装时,应符合下列规定:

1 经现场组装后的安装单元的吊装,吊点应按安装单元的结构特征确定,并应经试吊证明满足刚度及安装要求后方可开始吊装。

2 刚度较差的组件应按提升时的受力情况采用附加构件进行加固。

3 组件吊装就位时,应使其拼装部位对准预设部位垂直落下,且应校正组件安装位置并紧固连接。

12.4.7 现场安装时,未经设计允许不应对预制木结构组件进行切割、开洞等影响其完整性的行为。

12.4.8 现场安装全过程中,应采取防止预制组件、建筑附件及吊件等受潮、破损、遗失或污染的措施。

12.4.9 当预制木结构组件之间的连接件采用暗藏方式时,连接件部位应预留安装孔。

附录 A   结构用木材强度设计指标

A.0.1 结构用木材的设计指标应按下列规定采用：

1 结构用木材，其树种的强度等级应按表 A.0.1-1 和表 A.0.1-2 采用。

2 在正常情况下，木材的强度设计值及弹性模量，应按表 A.0.3-1 采用；在不同的使用条件下，木材的强度设计值和弹性模量尚应乘以表 A.0.3-2 规定的调整系数；对于 5 年设计使用年限，木材的强度设计值和弹性模量尚应乘以调整系数 1.1。

表 A.0.1-1   针叶树种木材适用的强度等级

强度等级	组别	适用树种
TC17	A	柏木、长叶松、湿地松、粗皮落叶松
	B	东山落叶松、欧洲赤松、欧洲落叶松
TC15	A	铁杉、油杉、太平洋海岸黄柏、花旗松-落叶松、西部铁杉、南方松
	B	鱼鳞云杉、西南云杉、南亚松
TC13	A	油松、西伯利亚落叶松、云南松、马尾松、扭叶松、北美落叶松、海岸松、日本扁柏、日本落叶松
	B	红皮云杉、丽江云杉、樟子松、红松、西加云杉、欧洲云杉、北美山地云杉、北美短叶松
TC11	A	西北云杉、西伯利亚云杉、西黄松、云杉-松-冷杉、铁-冷杉、加拿大铁杉、杉木
	B	冷杉、速生杉木、速生马尾松、新西兰辐射松、日本柳杉

表 A.0.1-2　阔叶树种木材适用的强度等级

强度等级	适用树种
TB20	青冈、桐木、甘巴豆、冰片香、重黄娑罗双、重坡垒、龙脑香、绿心樟、紫心木、李叶苏木、双龙瓣豆
TB17	栎木、腺瘤豆、筒状非洲楝、蟹木楝、深红默罗藤黄木
TB15	锥栗、桦木、黄娑罗双、异翅香、水曲柳、红尼克樟
TB13	深红娑罗双、浅红娑罗双、白娑罗双、海棠木
TB11	大叶椴、心形椴

A.0.2 对尚未列入本标准表 A.0.1-1、表 A.0.1-2 的进口木材,由出口国提供该木材的物理力学指标及主要材性,由相关管理机构按规定的程序确定其等级。

A.0.3 在下列情况下,本标准表 A.0.3-1 中的设计指标,尚应按下列规定进行调整:

　　1　当采用原木时,若验算部位未经切削,其顺纹抗压、抗弯强度设计值和弹性模量可提高 15%。

　　2　当构件矩形截面的短边尺寸不小于 150 mm 时,其强度设计值可提高 10%。

　　3　当采用湿材时,各种木材的横纹承压强度设计值和弹性模量以及落叶松木材的抗弯强度设计值宜降低 10%。

表 A.0.3-1　木材的强度设计值和弹性模量（N/mm²）

强度等级	组别	抗弯 f_m	顺纹抗压及承压 f_c	顺纹抗拉 f_t	顺纹抗剪 f_v	横纹承压 $f_{c,90}$			弹性模量 E
						全表面	局部表面和齿面	拉力螺栓垫板下	
TC17	A	17	16	10	1.7	2.3	3.5	4.6	10 000
	B		15	9.5	1.6				
TC15	A	15	13	9.0	1.6	2.1	3.1	4.2	10 000
	B		12	9.0	1.5				

强度等级	组别	抗弯 f_m	顺纹抗压及承压 f_c	顺纹抗拉 f_t	顺纹抗剪 f_v	横纹承压 $f_{c,90}$			弹性模量 E
						全表面	局部表面和齿面	拉力螺栓垫板下	
TC13	A	13	12	8.5	1.5	1.9	2.9	3.8	10 000
	B		10	8.0	1.4				9 000
TC11	A	11	10	7.5	1.4	1.8	2.7	3.6	9 000
	B		10	7.0	1.2				
TB20	—	20	18	12	2.8	4.2	6.3	8.4	12 000
TB17	—	17	16	11	2.4	3.8	5.7	7.6	11 000
TB15	—	15	14	10	2.0	3.1	4.7	6.2	10 000
TB13	—	13	12	9.0	1.4	2.4	3.6	4.8	8 000
TB11	—	11	10	8.0	1.3	2.1	3.2	4.1	7 000

注:计算木构件端部(如接头处)的拉力螺栓垫板时,木材横纹承压强度设计值应按"局部表面和齿面"一栏的数值采用。

表 A.0.3-2 不同使用条件下木材强度设计值和弹性模量的调整系数

使用条件	调整系数	
	强度设计值	弹性模量
露天环境	0.9	0.85
长期生产性高温环境,木材表面温度达 40℃~50℃	0.8	0.8
按恒荷载验算时	0.8	0.8
用于木构筑物时	0.9	1.0
施工和维修时的短暂情况	1.2	1.0

注:1 当仅有恒荷载或恒荷载产生的内力超过全部荷载所产生的内力的80％时,应单独以恒荷载进行验算。
  2 当若干条件同时出现时,表列各系数应连乘。

附录 B 进口规格材强度设计指标

B.1 已经换算的目测分级进口规格材的强度设计指标

B.1.1 已经换算的部分目测分级进口规格材的强度设计值和弹性模量见表 B.1.1-1、表 B.1.1-2,但尚应乘以表 B.1.1-3 的尺寸调整系数。

表 B.1.1-1 北美地区目测分级进口规格材强度设计值和弹性模量

名称	等级	截面最大尺寸(mm)	设计值(N/mm²)					弹性模量 E(N/mm²)
			抗弯 f_m	顺纹抗压 f_c	顺纹抗拉 f_t	顺纹抗剪 f_v	横纹承压 $f_{c,90}$	
花旗松-落叶松类(美国)	I_c	285	18.1	16.1	8.7	1.8	7.2	13 000
	II_c		12.1	13.8	5.7	1.8	7.2	12 000
	III_c		9.4	12.3	4.1	1.8	7.2	11 000
	IV_c,V_c		5.4	7.1	2.4	1.8	7.2	9 000
	VI_c	90	10	15.4	4.3	1.8	7.2	10 000
	VII_c		5.6	12.7	2.4	1.8	7.2	9 300
花旗松-落叶松类(加拿大)	I_c	285	14.8	17.0	6.7	1.8	7.2	13 000
	II_c		10.0	14.6	4.5	1.8	7.2	12 000
	III_c		8.0	13.0	3.4	1.8	7.2	11 000
	IV_c,V_c		4.6	7.5	1.9	1.8	7.2	10 000
	VI_c	90	8.4	16.0	3.6	1.8	7.2	10 000
	VII_c		4.7	13.0	2.0	1.8	7.2	9 400

— 117 —

名称	等级	截面最大尺寸(mm)	设计值(N/mm²)					弹性模量 E(N/mm²)
			抗弯 f_m	顺纹抗压 f_c	顺纹抗拉 f_t	顺纹抗剪 f_v	横纹承压 $f_{c,90}$	
铁-冷杉(美国)	I$_c$	285	15.9	14.3	7.9	1.5	4.7	11 000
	II$_c$		10.7	12.6	5.2	1.5	4.7	10 000
	III$_c$		8.4	12.0	3.9	1.5	4.7	9 300
	IV$_c$, V$_c$		4.9	6.7	2.2	1.5	4.7	8 300
	VI$_c$	90	8.9	14.3	4.1	1.5	4.7	9 000
	VII$_c$		5.0	12.0	2.3	1.5	4.7	8 000
铁-冷杉(加拿大)	I$_c$	285	14.8	15.7	6.3	1.5	4.7	12 000
	II$_c$		10.8	14.0	4.5	1.5	4.7	11 000
	III$_c$		9.6	13.0	3.7	1.5	4.7	11 000
	IV$_c$, V$_c$		5.6	7.7	2.2	1.5	4.7	10 000
	VI$_c$	90	10.2	16.1	4.0	1.5	4.7	10 000
	VII$_c$		5.7	13.7	2.2	1.5	4.7	9 400
南方松	I$_c$	285	16.2	15.7	10.2	1.8	6.5	12 000
	II$_c$		10.6	13.4	6.2	1.8	6.5	11 000
	III$_c$		7.8	11.8	2.1	1.8	6.5	9 700
	IV$_c$, V$_c$		4.5	6.8	3.9	1.8	6.5	8 700
	VI$_c$	90	8.3	14.8	3.9	1.8	6.5	9 200
	VII$_c$		4.7	12.1	2.2	1.8	6.5	8 300
云杉-松-冷杉类	I$_c$	285	13.4	13.0	5.7	1.4	4.9	10 500
	II$_c$		9.8	11.5	4.0	1.4	4.9	10 000
	III$_c$		8.7	10.9	3.2	1.4	4.9	9 500
	IV$_c$, V$_c$		5.0	6.3	1.9	1.4	4.9	8 500
	VI$_c$	90	9.2	13.2	3.4	1.4	4.9	9 000
	VII$_c$		5.1	11.2	1.9	1.4	4.9	8 100

名称	等级	截面最大尺寸 (mm)	设计值(N/mm²)					弹性模量 E(N/mm²)
			抗弯 f_m	顺纹抗压 f_c	顺纹抗拉 f_t	顺纹抗剪 f_v	横纹承压 $f_{c,90}$	
其他北美针叶林树种	I_c	285	10.0	14.5	3.7	1.4	3.9	8 100
	II_c		7.2	12.1	2.7	1.4	3.9	7 600
	III_c		6.1	10.1	2.2	1.4	3.9	7 000
	IV_c, V_c		3.5	5.9	1.3	1.4	3.9	6 400
	VI_c	90	6.5	13.0	2.3	1.4	3.9	6 700
	VII_c		3.6	10.4	1.3	1.4	3.9	6 100

表 B.1.1-2 欧洲地区目测分级进口规格材强度设计值和弹性模量

强度等级	强度设计值(N/mm²)					弹性模量 E (N/mm²)
	抗弯 f_m	顺纹抗压 f_c	顺纹抗拉 f_t	顺纹抗剪 f_v	横纹承压 $f_{c,90}$	
C40	26.5	15.5	12.9	1.9	5.5	14 000
C35	23.2	14.9	11.3	1.9	5.3	13 000
C30	19.8	13.7	9.7	1.9	5.2	12 000
C27	17.9	13.1	8.6	1.9	5.0	11500
C24	15.9	12.5	7.5	1.9	4.8	11 000
C22	14.6	11.9	7.0	1.8	4.6	10 000
C20	13.2	11.3	6.4	1.7	4.4	9 500
C18	11.9	10.7	5.9	1.6	4.2	9 000
C16	10.6	10.1	5.4	1.5	4.2	8 000
C14	9.3	9.5	4.3	1.4	3.8	7 000

表 B. 1. 1-3　尺寸调整系数

等级	截面高度（mm）	抗弯强度		顺纹抗压强度	顺纹抗拉强度	其他强度
		截面高度（mm）				
		40 和 65	90			
I$_c$	≤90	1.5	1.5	1.15	1.5	1.0
	115	1.4	1.4	1.1	1.4	1.0
II$_c$	140	1.3	1.3	1.1	1.3	1.0
III$_c$	185	1.2	1.2	1.05	1.2	1.0
IV$_c$、V$_c$	235	1.1	1.2	1.0	1.1	1.0
	285	1.0	1.1	1.0	1.0	1.0
VI$_c$、VII$_c$	≤90	1.0	1.0	1.0	1.0	1.0

$$k_h = \left(\frac{150}{h}\right)^{0.2} \qquad (\text{B. 1. 1-1})$$

$$1 \leqslant k_h \leqslant 1.3 \qquad (\text{B. 1. 1-2})$$

B. 1. 2 北美地区目测分级规格材代码和本标准目测分级规格材代码对应关系见表 B. 1. 2。

表 B. 1. 2　北美地区规格材与本标准规格材对应关系

本标准规格材等级	北美地区规格材等级
I$_c$	Select structural
II$_c$	No. 1
III$_c$	No. 2
IV$_c$	No. 3
V$_c$	Stud
VI$_c$	Construction
VII$_c$	Standard

B.2 机械分级规格材的强度设计指标

B.2.1 机械分级规格材的强度设计值和弹性模量见表 B.2.1。

表 B.2.1 机械分级规格材强度设计值和弹性模量(N/mm^2)

强度	强度等级							
	M10	M14	M18	M22	M26	M30	M35	M40
抗弯 f_m	8.2	12	15	18	21	25	29	33
顺纹抗拉 f_t	5.0	7.0	9.0	11	13	15	17	20
顺纹抗压 f_c	14	15	16	18	19	21	22	24
顺纹抗剪 f_v	1.1	1.3	1.6	1.9	2.2	2.4	2.8	3.1
横纹承压 $f_{c,90}$	4.8	5.0	5.1	5.3	5.4	5.6	5.8	6.0
弹性模量 E	8 000	8 800	9 600	10 000	11 000	12 000	13 000	14 000

B.2.2 部分国家机械分级规格材等级与本标准机械分级规格材等级对应关系见表 B.2.2。

表 B.2.2 机械分级强度等级对应关系表

本标准采用等级	M10	M14	M18	M22	M26	M30	M35	M40
北美采用等级	—	1 200f-1.2E	1 450f-1.3E	1 650f-1.5E	1 800f-1.6E	2 100f-1.S	2 400f-2.0E	2 850f-2.3E
新西兰采用等级	MSG6	MSG8	MSG10		MSG12		MSG15	
欧洲采用等级	—	C14	C18	C22	C27	C30	C35	C40

注:1 对于北美机械分级规格材,横纹承压和顺纹抗剪的强度设计值为表 B.1.1-1 中相应目测分级规格材的强度设计值。

2 对于那些经过认证审核并且在生产过程中有常规足尺测试的特征强度值,其强度设计值可按有关程序由测试特征强度值(而不是强度相关关系)确定。

B.3 规格材的共同作用系数

B.3.1 当规格材搁栅数量大于 3 根且与楼面板、屋面板或其他构件有可靠连接,设计搁栅的抗弯承载力时,可将抗弯强度设计值 f_m 乘以 1.15 的共同作用系数。

附录 C 楼盖搁栅振动控制的计算方法

C.0.1 当楼盖(图 C.0.1)由振动控制时,楼盖搁栅的跨度 l 应按下式验算:

$$l \leqslant \frac{1}{8.22} \frac{(EI_e)^{0.284}}{K_s^{0.14} m^{0.15}} \tag{C.0.1-1}$$

其中:

$$EI_e = E_j I_j + b(E_{s/\!/}\ I_s + E_{t/\!/}\ I_t) + E_f A_f h^2 - (E_j A_j + E_f A_f) y^2 \tag{C.0.1-2}$$

$$E_f A_f = \frac{b(E_{s/\!/}\ A_s + E_{t/\!/}\ A_t)}{1 + 10 \dfrac{b(E_{s/\!/}\ A_s + E_{t/\!/}\ A_t)}{S_n l_1^2}} \tag{C.0.1-3}$$

$$h = \frac{h_j}{2} + \frac{E_{s/\!/}\ A_s \dfrac{h_s}{2} + E_t A_t \left(h_s + \dfrac{h_t}{2}\right)}{E_{s/\!/}\ A_s + E_{t/\!/}\ A_t} \tag{C.0.1-4}$$

$$y = \frac{E_f A_f}{(E_j A_j + E_f A_f)} h \tag{C.0.1-5}$$

$$K_s = 0.029\,4 + 0.536 \left(\frac{K_j}{K_j + K_f}\right)^{0.25} + 0.516 \left(\frac{K_j}{K_j + K_f}\right)^{0.5} - 0.31 \left(\frac{K_j}{K_j + K_f}\right)^{0.75} \tag{C.0.1-6}$$

$$K_j = \frac{EI_e}{l^3} \tag{C.0.1-7}$$

对于无楼板面层的楼盖,

$$K_f = \frac{0.585 \times l \times E_{s\perp} \, I_s}{b^3} \qquad \text{(C. 0. 1-8)}$$

对于有楼板面层的楼盖,

$$K_f = \frac{0.585 \times l \times \left[E_{s\perp} \, I_s + E_{t\perp} \, I_t + \dfrac{E_{s\perp} \, A_s \times E_{t\perp} \, A_t}{E_{s\perp} \, A_s + E_{t\perp} \, A_t} \left(\dfrac{h_s + h_c}{2} \right)^2 \right]}{b^3}$$

$$\text{(C. 0. 1-9)}$$

式中: l ——振动控制的搁栅跨度(m);

b ——搁栅间距(m);

h_j ——搁栅高度(m);

h_s ——楼板面层厚度(m);

h_t ——楼板混凝土面层厚度(m);

$E_j A_j$ ——搁栅轴向刚度(N);

$E_{s/\!/} \, A_s$ ——平行于搁栅的楼板轴向刚度(N/m)(表 C. 0. 1-1-1);

$E_{s\perp} \, A_s$ ——垂直于搁栅的楼板轴向刚度(N/m)(表 C. 0. 1-1);

$E_{t/\!/} \, A_t$ ——平行于搁栅的楼板面层轴向刚度(N/m)(表 C. 0. 1-2);

$E_{t\perp} \, A_t$ ——垂直于搁栅的楼板面层轴向刚度(N/m)(表 C. 0. 1-2);

$E_j I_j$ ——搁栅弯曲刚度(N・m²/m);

$E_{s/\!/} \, I_s$ ——平行于搁栅的楼板弯曲刚度(N・m²/m)(表 C. 0. 1-1);

$E_{s\perp} \, I_s$ ——垂直于搁栅的楼板弯曲刚度(N・m²/m)(表 C. 0. 1-1);

$E_{t/\!/} \, I_t$ ——平行于搁栅的楼板面层弯曲刚度(N・m²/m)(表 C. 0. 1-2);

$E_{t\perp} \, I_t$ ——垂直于搁栅的楼板面层弯曲刚度(N・m²/m)(表 C. 0. 1-2);

m ——等效 T 形梁的线密度(kg/m);

K_s ——考虑楼板和楼板面层侧向刚度影响的调整系数;

S_n ——搁栅-楼板连接的荷载-位移弹性模量(N/m/m)(表 C. 0. 1-3);

l_1——楼板缝隙的计算距离(m);楼板无混凝土面层时,取与搁栅垂直的楼板缝隙之间的距离;楼板有混凝土面层时,取搁栅的跨度。

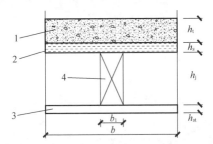

1—楼板面层;2—木基结构板;3—吊顶层;4—搁栅

图 C.0.1 楼盖示意图

表 C.0.1-1 楼板的力学性能

板的类型	h_s(m)	$E_s I_s(\text{N}\cdot\text{m}^2/\text{m})$		$E_s A_s(\text{N/m})$		ρ_s(kg/m³)
		0°	90°	0°	90°	
定向木片板 (OSB)	0.012	1 100	220	4.3×10^7	2.5×10^7	600
	0.015	1 400	310	5.3×10^7	3.1×10^7	600
	0.018	2 800	720	6.4×10^7	3.7×10^7	600
	0.022	6 100	2 100	7.6×10^7	4.4×10^7	600
花旗松结构 胶合板	0.012 5	1 700	350	9.4×10^7	$\times10^7$	550
	0.015 5	3 000	630	9.4×10^7	$\times10^7$	550
	0.018 5	4 600	1 300	12.0×10^7	4.7×10^7	550
	0.020 5	5 900	1 900	13.0×10^7	4.7×10^7	550
	0.022 5	8 800	2 500	13.0×10^7	7.5×10^7	550
其他针叶 树种结构 胶合板	0.012 5	1 200	350	7.1×10^7	4.8×10^7	500
	0.015 5	2 000	630	7.1×10^7	4.7×10^7	500
	0.018 5	3 400	1 400	9.5×10^7	4.7×10^7	500
	0.020 5	4 000	1 900	10.0×10^7	4.7×10^7	500
	0.022 5	6 100	2 500	11.0×10^7	7.5×10^7	500

注:1 0°指平行于板表面纹理(或板长)的轴向和弯曲刚度。

2 90°指垂直于板表面纹理(或板长)的轴向和弯曲刚度。

3 楼板采用木基结构板的长度方向与搁栅垂直时,$E_{s/\!/} A_s$ 和 $E_{s/\!/} I_s$ 应采用表中 90°的设计值。

表 C.0.1-2 楼板面层的力学性能

材料	E_t (N/mm^2)	ρ_c (kg/m^3)
轻质混凝土	按实际取值	按实际取值
一般混凝土	2.55×10^4	2 400
板材	按表 C.0.1-1 取值	按表 C.0.1-1 取值

注:1 表中"一般混凝土"按 C20 混凝土采用。

2 计算取每米板宽,即 $A_t = h_t$,$I_t = h_t^3/12$。

表 C.0.1-3 搁栅-楼板连接的荷载-位移弹性模量

类型	S_n(N/m/m)
搁栅-楼板仅用钉连接	5×10^6
搁栅-楼板由钉和胶连接	1×10^8
有楼板面层的楼板	5×10^6

C.0.2 当搁栅之间有交叉斜撑、板条、填块或横撑等侧向支撑时(图 C.0.2),且侧向支撑之间的间距不应大于 2 m 时,由振动控制的搁栅跨度可按表 C.0.2 中规定的比例增加。

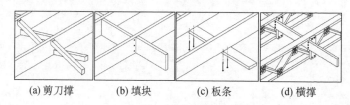

(a) 剪刀撑   (b) 填块   (c) 板条   (d) 横撑

图 C.0.2 常用的侧向支撑

表 C.0.2 有侧向支撑时搁栅跨度增加的比例

类型	跨度增加	安装要求
采用不小于 40 mm×150 mm(2×6)的横撑时	10%	按桁架生产商要求
采用不小于 40 mm×40 mm(2×2)的交叉斜撑时	4%	在两端至少 1 枚 64 mm 螺纹钉

类型	跨度增加	安装要求
采用不小于20 mm×90 mm(1×4)的板条时	5%	在搁栅底部至少2枚64 mm螺纹钉
采用与搁栅高度相同的不小于40 mm厚的填块时	8%	对于规格材搁栅,至少3枚64 mm螺纹钉;对于木工字梁,至少4枚64 mm螺纹钉
同时采用不小于40 mm×40 mm的交叉斜撑,以及不小于20 mm×90 mm的板条时	8%	—
同时采用不小于20 mm×90 mm的板条,以及与搁栅高度相同的不小于40 mm厚的填块时	10%	—

附录 D 螺栓垫板面积的计算

D. 0. 1 螺栓的截面应按下式验算：

$$N_t/A_e \leqslant f_t^b \qquad (D. 0. 1)$$

式中：N_t——轴向拉力设计值（N）；

A_e——螺栓的有效截面面积（mm^2）；

f_t^b——普通螺栓的抗拉强度设计值（N/mm^2）。

D. 0. 2 螺栓垫板的面积应按下式计算：

$$A = N_t/f_{c,90} \qquad (D. 0. 2)$$

式中：$f_{c,90}$——木材横纹承压强度设计值（N/mm^2），按现行国家
标准《木结构设计标准》GB 50005 确定。

D. 0. 3 螺栓方形垫板的厚度应按下式计算：

$$t = \sqrt{\frac{N_t}{2f}} \qquad (D. 0. 3)$$

式中：f——钢材抗弯强度设计值（N/mm^2），按本标准第 3 章
确定。

附录 E 满足蒸汽渗透性要求的外墙结构

E.0.1 可选择采用表 E.0.1 所提供的满足蒸汽渗透性要求的墙体。

表 E.0.1 满足蒸汽渗透性要求的墙体结构

木结构墙体防水类型	（一） 外墙板以外（包括外墙板）的复合蒸汽渗透系数 $[ng/(Pa \cdot s \cdot m^2)]^*$	（二） 外墙板以内（不包括外墙板）的复合蒸汽渗透系数 $[ng/(Pa \cdot s \cdot m^2)]^*$
1 普通防水外墙 ① ② ③ ④ ⑤ ⑥	室外 ① 外墙防护板[1]　　　250 ② 普通外墙防水膜[1]　400 ③ 定向刨花板外墙板[1]　200 ④ 墙骨柱 保温隔热层[2] ⑤ 石膏板内墙板[2] ⑥ 内饰面层[2] 室内　　　　　　　　87 复合蒸汽渗透系数*	 25 000 3 000 350 275 外墙板以内（不包括外墙板）的复合蒸汽渗透系数大大超过外墙板以外的复合渗透系数
	* 1/250＋1/400＋1/200＝1/复合蒸汽渗透系数 1/复合蒸汽渗透系数＝0.004＋0.002 5＋0.005 复合蒸汽渗透系数＝87	* 1/25 000 ＋ 1/3 000 ＋1/350＝1/复合蒸汽渗透系数 1/复合蒸汽渗透系数 ＝0.000 4＋0.000 33＋0.002 9 复合蒸汽渗透系数＝275

木结构墙体防水类型	（一） 外墙板以外(包括外墙板) 的复合蒸汽渗透系数 [ng/(Pa·s·m²)]*	（二） 外墙板以内(不包括外墙板) 的复合蒸汽渗透系数 [ng/(Pa·s·m²)]*
2 普通排水通风外墙 ① ③ ④ ② ⑤ ⑥ ⑦	室外 ① 外墙防护板 ② 排水通风空气层 ③ 普通外墙防水膜¹　400 ④ 定向刨花板外墙板¹　200 ⑤ 墙骨柱 保温隔热层² ⑥ 石膏板内墙板² ⑦ 内饰面层² 室内　　　　　　133 复合蒸汽渗透系数	 25 000 3 000 350 275 外墙板以内(不包括外墙板)的复合蒸汽渗透系数超过外墙板以外的复合蒸汽渗透系数
3 节能排水通风外墙 ① ③ ④ ② ⑤ ⑥ ⑦ ⑧	室外 ① 外墙防护板 ② 排水通风空气层 ③ 挤压聚苯乙烯外保温¹　50 ④ 普通外墙防水膜¹　400 ⑤ 定向刨花板外墙板¹　200 ⑥ 墙骨柱 保温隔热层² ⑦ 石膏板内墙板² ⑧ 内饰面层² 室内　　　　　　36 复合蒸汽渗透系数	 25 000 3 000 350 275 外墙板以内(不包括外墙板)的复合蒸汽渗透系数大大超过外墙板以外的复合蒸汽渗透系数

续表E.0.1

木结构墙体防水类型	（一） 外墙板以外（包括外墙板）的复合蒸汽渗透系数 [ng/(Pa·s·m²)]*	（二） 外墙板以内（不包括外墙板）的复合蒸汽渗透系数 [ng/(Pa·s·m²)]*
4　防水型排水通风外墙 ① ③ ④ ② ⑤ ⑥ ⑦ ⑧	室外 ① 外墙防护板 ② 排水通风空气层 ③ 挤压聚苯乙烯外保温[1] 　　　　　　　　　　50 ④ 自粘合沥青覆面膜[1]　5 ⑤ 定向刨花板外墙板[1]　200 ⑥ 墙骨柱 ⑦ 石膏内墙板[2] ⑧ 内饰面层[2] 室内　　　　　　　　4.4 复合蒸汽渗透系数	 3 000 350 313 外墙板以内（不包括外墙板）的复合蒸汽渗透系数大大超过外墙板以外的复合蒸汽渗透系数
5　防水型排水通风外墙 ① ③ ④ ② ⑤ ⑥ ⑦ ⑧	室外 ① 外墙防护板 ② 排水通风空气层 ③ 挤压聚苯乙烯外保温[1] 　　　　　　　　　　50 ④ 自粘合沥青覆面膜[1]　5 ⑤ 定向刨花板外墙板[1]　200 ⑥ 墙骨柱 保温隔热层[2] ⑦ 石膏板内墙板[2] ⑧ 内饰面层[2] 室内　　　　　　　　4.4 复合蒸汽渗透系数	 25 000 3 000 350 275 外墙板以内（不包括外墙板）的复合蒸汽渗透系数大大超过外墙板以外的复合蒸汽渗透系数

注：表中数据为材料典型的蒸汽渗透系数数值，只用于计算示例。材料的蒸汽渗透系数与具体材料及测试方法有关，实际使用时请参考所用材料的具体性能。

131

E.0.2 如果采用表 E.0.1 之外的墙体,墙体外层蒸汽渗透率的计算应采用材料在相对湿度 50%～100%之间的蒸汽渗透率值,而墙体内层蒸汽渗透率的计算应采用材料在相对湿度低于 50%时的蒸汽渗透率值。

附录 F 常用墙体和楼板的耐火极限和隔声性能

表 F.0.1 墙体的耐火极限和隔声性能(内墙)

序号	构造	简图	耐火极限		R_w+C (dB)
			承重构件	非承重构件	
1-1	两层 12 mm 厚防火石膏板; 40 mm×90 mm 墙骨柱,中心间距 600 mm; 90 mm 厚玻璃棉; 两层 12 mm 厚防火石膏板		1 h	1.5 h	45
1-2	两层 12 mm 厚防火石膏板; 减振龙骨,中心间距 600 mm; 40 mm×90 mm 墙骨柱,中心间距 600 mm; 90 mm 厚玻璃棉; 两层 12 mm 厚防火石膏板		1 h	1.5 h	50
2-1	两层 12 mm 厚防火石膏板; 40 mm×140 mm 墙骨柱,中心间距 400 mm; 140 mm 厚玻璃棉; 两层 12 mm 厚防火石膏板		1 h	1.5 h	36
2-2	两层 12 mm 厚防火石膏板; 减振龙骨,中心间距 600 mm; 40 mm×140 mm 墙骨柱,中心间距 400 mm; 140 mm 厚玻璃棉; 两层 12 mm 厚防火石膏板		1 h	1.5 h	44

续表 F. 0. 1

| 序号 | 构造 | 简图 | 耐火极限 | | R_w+C (dB) |
			承重构件	非承重构件	
3-1	15 mm 厚防火石膏板； 40 mm×140 mm 墙骨柱，中心间距 400 mm； 140 mm 厚玻璃棉； 15 mm 厚防火石膏板		1 h	1 h	32
3-2	15 mm 厚防火石膏板； 40 mm×140 mm 墙骨柱，中心间距 400 mm； 140 mm 厚玻璃棉； 15 mm 厚防火石膏板； 12 mm 厚防水石膏板		1 h	1 h	35
3-3	15 mm 厚防火石膏板； 减振龙骨，中心间距 600 mm； 40 mm×140 mm 墙骨柱，中心间距 400 mm； 140 mm 厚玻璃棉； 15 mm 厚防火石膏板		1 h	1 h	39

表 F. 0. 2 墙体的耐火极限和隔声性能(分户墙)

| 序号 | 构造 | 简图 | 耐火极限 | | R_w+C (dB) |
			承重构件	非承重构件	
4-1	15 mm 厚防火石膏板； 二排 40 mm×90 mm 墙骨柱，中心间距 600 mm，交错布置，地梁板截面尺寸为 40 mm×140 mm； 两侧 75 mm 厚岩棉； 15 mm 厚防火石膏板		1 h	1 h	47

序号	构造	简图	耐火极限		$R_\mathrm{w}+C$ (dB)
			承重构件	非承重构件	
4-2	两层 12 mm 厚防火石膏板；二排 40 mm×90 mm 墙骨柱，中心间距 600 mm，交错布置，地梁板截面尺寸为 40 mm×140 mm；两侧 75 mm 厚岩棉；两层 12 mm 厚防火石膏板		1 h	1.5 h	50
4-3	两层 12 mm 厚防火石膏板；减振龙骨，中心间距 600 mm；二排 40 mm×90 mm 墙骨柱，中心间距 600 mm，交错布置，地梁板截面尺寸为 40 mm×140 mm；两侧 75 mm 厚岩棉；两层 12 mm 厚防火石膏板		1 h	1.5 h	55
5-1	15 mm 厚防火石膏板；二排 40 mm×90 mm 墙骨柱，中心间距 400 mm，二排 40 mm×90 mm 地梁板，中间留 25 mm×140 mm 缝隙；两侧 100 mm 厚岩棉；15 mm 厚防火石膏板		1 h	1 h	53
5-2	15 mm 厚防火石膏板；二排 40 mm×90 mm 墙骨柱，中心间距 400 mm，二排 40 mm×90 mm 地梁板，中间留 25 mm×140 mm 缝隙；两侧 100 mm 厚岩棉；15 mm 厚防火石膏板		1 h	1.5 h	57

表 F. 0. 3　墙体的耐火极限和隔声性能(外墙)

序号	构造	简图	耐火极限		R_w+ C_{tr}(dB)
			承重构件	非承重构件	
6-1	两层 12 mm 厚防火石膏板; 减振龙骨,中心间距600 mm; 40 mm×90 mm 墙骨柱,中心间距 600 mm; 100 mm 厚岩棉; 12 mm 厚水泥板; 50 mm 厚岩棉外保温; 40 mm×40 mm 顺水条; 12 mm 厚水泥板		—	1.5 h	52
6-2	两层 12 mm 厚防火石膏板; 减振龙骨,中心间距600 mm; 40 mm×90 mm 墙骨柱,中心间距 600 mm; 100 mm 厚岩棉; 12 mm 水泥板		—	1.5 h	47
6-3	两层 12 mm 厚防火石膏板; 减振龙骨,中心间距600 mm; 40 mm×90 mm 墙骨柱,中心间距 600 mm; 100 mm 厚岩棉; 12 mm 厚 OSB 板; 15 mm×38 mm 顺水条; 12 mm 厚水泥板		1 h	—	48

表 F.0.4 楼板的耐火极限和隔声性能

序号	构造	简图	耐火极限	$L_{n,w}$	R_w+C (dB)
1-1	15.5 mm 厚木基结构板； 40 mm×235 mm 木搁栅，中心间距 400 mm； 230 mm 厚玻璃棉； 减振龙骨，中心间距 600 mm； 15 mm 厚防火石膏板		1 h	72	45
1-2	15.5 mm 厚木基结构板； 40 mm×235 mm 木搁栅，中心间距 400 mm； 230 mm 厚玻璃棉； 减振龙骨，中心间距 600 mm； 两层 12 mm 厚防火石膏板		1.5 h	69	47
2-1	40 mm 厚混凝土面层； 15.5 mm 厚木基结构板； 40 mm×235 mm 木搁栅，中心间距 400 mm； 230 mm 厚玻璃棉； 两层 12 mm 厚防火石膏板		1.5 h	73	51
2-2	40 mm 厚混凝土面层； 15.5 mm 厚木基结构板； 40 mm×235 mm 木搁栅，中心间距 400 mm； 230 mm 厚玻璃棉； 减振龙骨，中心间距 600 mm； 两层 12 mm 厚防火石膏板		1.5 h	64	59
2-3	40 mm 厚混凝土面层； 15.5 mm 厚木基结构板； 40 mm×235 mm 木搁栅，中心间距 400 mm； 230 mm 厚玻璃棉； 减振龙骨，中心间距 600 mm； 15 mm 厚防火石膏板		1 h	69	57

附录 G　轻型木桁架各类节点的模拟

G.1　端节点

G.1.1　支座端节点可模拟成 3 个分节点构成桁架,如图 G.1.1-1 所示;各分节点定位方法是:在下弦杆端部作一垂线与上、下弦杆轴线相交,该两交点中位置较低者定为第 1 分节点;第 2 分节点位于下弦杆轴线上,且距第 1 分节点水平距离为 3/4S 处,S 为上、下弦杆交线的内侧端点至第 1 分节点的水平投影长度;过第 2 分节点作一垂线与上弦杆轴线的交点,即为第 3 分节点;第 1、2 分节点间水平投影距离应不大于 600 mm;当第 2、3 分节点与第 1 分节点间距小于50 mm 时,则可将 3 个分节点简化为 1 个,即仅设第 1 分节点。

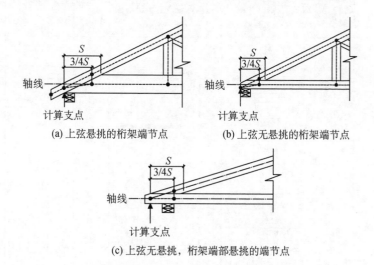

(a) 上弦悬挑的桁架端节点　　　(b) 上弦无悬挑的桁架端节点

(c) 上弦无悬挑,桁架端部悬挑的端节点

图 G.1.1-1　支座端节点

1 当支座处上、下弦杆间有加强楔块时,S 为下弦杆和加强楔块交线的内侧端点至第 1 分节点的水平投影长度,见图 G.1.1-2。

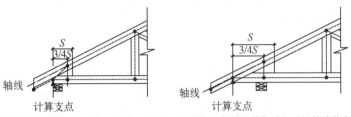

(a) 有加强楔块,桁架无悬挑的端节点　　(b) 有加强楔块,桁架端部悬挑的端节点

图 G.1.1-2　有加强楔块的端节点

2 当支座处上、下弦杆端节间有局部长度加强杆件(非端节间全长)时,支座模拟为 4 个分节点的桁架;前 3 个分节点模拟不变,但此时 S 为未被加强的那根弦杆和加强杆交线的内侧端点至第 1 分节点的水平投影长度;第 4 分节点位于被加强的弦杆的轴线上,距加强杆件端部 $d/2$ 处,d 为被加强弦杆的截面高度,见图 G.1.1-3。

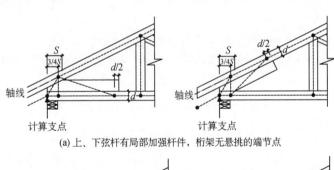

(a) 上、下弦杆有局部加强杆件,桁架无悬挑的端节点

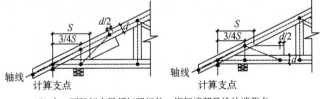

(b) 上、下弦杆有局部加强杆件,桁架端部悬挑的端节点

图 G.1.1-3　端节间有局部加强杆件的端节点

3 当支座处上、下弦杆端节间有全长加强杆件时,支座模拟也为 4 个分节点的桁架;前 3 个分节点模拟与 2 相同,第 4 分节点与被加强的弦杆和腹杆相交形成的节点重合,见图 G.1.1-4;当支座支承表面的任何部分落在第 1 分节点与第 2 分节点之间时,则支座支承点为第 1 分节点;悬臂长度及端部高度应满足短悬臂悬臂长度及端部高度的构造要求。

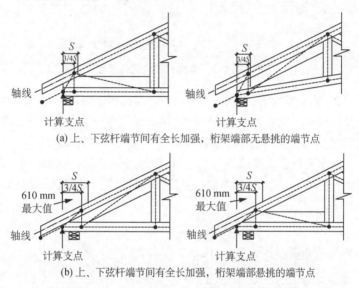

(a) 上、下弦杆端节间有全长加强,桁架端部无悬挑的端节点

(b) 上、下弦杆端节间有全长加强,桁架端部悬挑的端节点

图 G.1.1-4 端节间有全长加强杆件的端节点

4 当支座支承表面的任何部分落在第 2 个分节点之外时,则支座计算支点应在第 2 个分节点,见图 G.1.1-5;桁架悬挑长度及端部高度无需满足本标准第 6.1 节的构造要求。

5 当支座端节间的全长加强杆件与弦杆不完全平行,则形成独立的端节点和腹杆节点,见图 G.1.1-6。

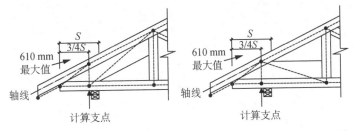

图 G.1.1-5　端节间有全长加强杆件的端节点(支承点在第 2 个分节点)

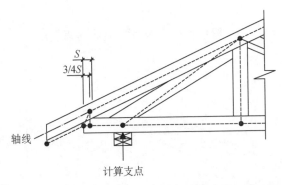

图 G.1.1-6　加强杆件与弦杆不平行时的独立端节点和腹杆节点

G.2　屋脊节点

G.2.1　垂直相切的屋脊节点:经两弦杆边缘交点作一垂线,与两相邻上弦杆的轴线相交得到两交点,该两交点的中点即为屋脊节点,如图 G.2.1 所示。

G.2.2　斜向相切的屋脊节点:两相邻弦杆轴线的交点即为屋脊节点,如图 G.2.2 所示。

G.2.3　角节点:弦杆轴线与弦杆端部垂线的交点,如图 G.2.3 所示。

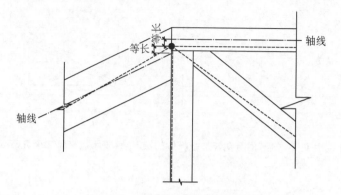

图 G.2.1 垂直相切的屋脊节点

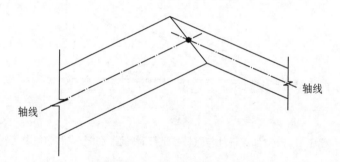

图 G.2.2 斜向相切的屋脊节点

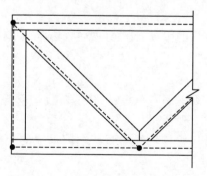

图 G.2.3 角节点

G.3 对接节点

G.3.1 对接节点为两弦杆轴线与拼接线所得到的两交点的中点,如图 G.3.1 所示。

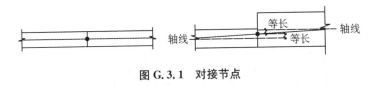

图 G.3.1　对接节点

G.4 搭接节点

G.4.1 搭接节点为位于节点两侧的弦杆轴线与端部割线交点的中点,见图 G.4.1 所示。

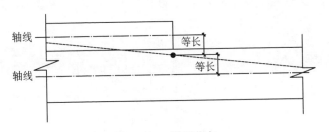

图 G.4.1　搭接节点

G.5 腹杆节点

G.5.1 腹杆节点为腹杆在弦杆上的相交长度的中点与弦杆轴线垂直相交所得的交点,如图 G.5.1 所示。

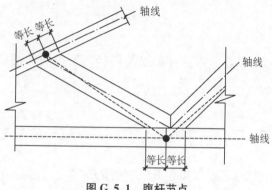

图 G. 5. 1　腹杆节点

G. 6　内节点

G. 6. 1　内节点为弦杆中心线与位于弦杆两侧腹杆和弦杆共同接触面中点与弦杆垂直的交点,见图 G. 6. 1。

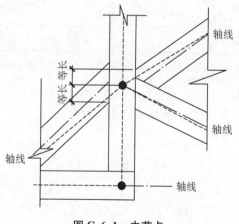

图 G. 6. 1　内节点

G.7 杆端支承节点

杆端支承节点为弦杆轴线与支座支承点外侧的垂线的交点，见图 G.7.1。

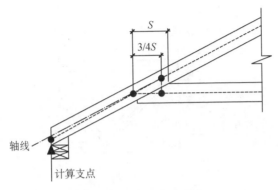

图 G.7.1 杆端支承节点

G.8 上弦杆支承节点

G.8.1 上弦杆支承节点由 3 个分节点组成：分节点 1 为上弦杆轴线与支承面内侧垂线的交点，第 2 分节点为上弦杆轴线与竖杆和弦杆相交外边缘垂线的交点，见图 G.8.1，第 1 和第 2 分节点之间的距离不应大于 13 mm，支座设在第 1 分节点。

G.8.2 有垫块和端部竖杆的上弦杆支承节点由 2 根杆件和 3 个分节点组成。第 1 分节点为所需支承尺寸中心的垂线与支承表面的交点；第 2 分节点为通过第 1 分节点的水平线与端部竖杆外侧的交点；第 3 分节点为上弦杆轴线与端部竖杆外侧的交点，见图 G.8.2，支座设在第 1 分节点。

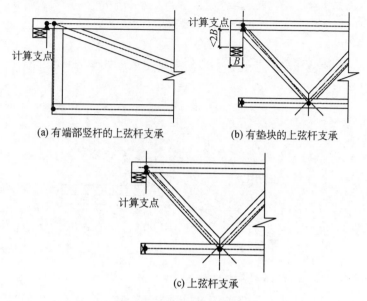

(a) 有端部竖杆的上弦杆支承　　　　(b) 有垫块的上弦杆支承

(c) 上弦杆支承

图 G.8.1　上弦杆支承节点

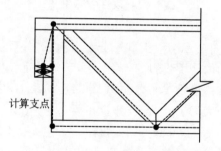

图 G.8.2　有垫块和端部竖杆的上弦杆支承节点

本标准用词说明

1 为了便于在执行本标准条文时区别对待,对要求严格程度不同的用词说明如下:

  1)表示很严格,非这样做不可的用词:

    正面词采用"必须";

    反面词采用"严禁"。

  2)表示严格,在正常情况下均应这样做的用词:

    正面词采用"应";

    反面词采用"不应"或"不得"。

  3)表示允许稍有选择,在条件许可时首先应这样做的用词:

    正面词采用"宜";

    反面词采用"不宜"。

  4)表示有选择,在一定条件下可以这样做的用词,采用"可"。

2 本标准中指定应按其他有关标准、规范执行的写法为"符合……的规定""满足……的要求"或"按……执行"。

引用标准名录

1　《碳素结构钢》GB/T 700

2　《低合金高强度结构钢》GB/T 1591

3　《木材含水率测定方法》GB/T 1931

4　《紧固件机械性能》GB/T 3098

5　《非合金钢及细晶粒钢焊条》GB/T 5117

6　《六角头螺栓　C 级》GB/T 5780

7　《六角头螺栓》GB/T 5782

8　《建筑外门窗气密、水密、抗风压性能检测方法》GB/T 7106

9　《建筑材料及制品燃烧性能分级》GB 8624

10　《声学建筑和建筑构件隔声测量》GB/T 19889

11　《声学混响室吸声测量》GB/T 20247

12　《木结构覆板用胶合板》GB/T 22349

13　《结构用集成材》GB/T 26899

14　《钢钉》GB 27704

15　《建筑结构用木工字梁》GB/T 28985

16　《轻型木结构用规格材目测分级规则》GB/T 29897

17　《结构用木质复合材产品力学性能评定》GB/T 28986

18　《结构用规格材特征值的测试方法》GB 28987

19　《木结构用单板层积材》GB/T 36408

20　《砌体结构设计规范》GB 50003

21　《木结构设计标准》GB 50005

22　《建筑地基基础设计规范》GB 50007

23　《建筑结构荷载规范》GB 50009

24　《混凝土结构设计规范》GB 50010

25 《建筑抗震设计规范》GB 50011

26 《建筑设计防火规范》GB 50016

27 《钢结构设计标准》GB 50017

28 《冷弯薄壁型钢结构技术规范》GB 50018

29 《建筑结构可靠性设计统一标准》GB 50068

30 《自动喷水灭火系统设计规范》GB 50084

31 《地下工程防水技术规范》GB 50108

32 《火灾自动报警系统设计规范》GB 50116

33 《民用建筑隔声设计规范》GB 50118

34 《建筑灭火器配置设计规范》GB 50140

35 《民用建筑热工设计规范》GB 50176

36 《木结构工程施工质量验收规范》GB 50206

37 《屋面工程质量验收规范》GB 50207

38 《地下防水工程质量验收规范》GB 50208

39 《建筑工程抗震设防分类标准》GB 50223

40 《建筑工程施工质量验收统一标准》GB 50300

41 《民用建筑工程室内环境污染控制标准》GB 50325

42 《民用建筑设计统一标准》GB 50352

43 《建筑节能工程施工质量验收标准》GB 50411

44 《建设工程施工现场消防安全技术规范》GB 50720

45 《工程结构设计基本术语标准》GB/T 50083

46 《工程结构设计通用符号标准》GB/T 50132

47 《木骨架组合墙体技术标准》GB/T 50361

48 《工程建设施工企业质量管理规范》GB/T 50430

49 《建筑施工组织设计规范》GB/T 50502

50 《木结构工程施工规范》GB/T 50772

51 《多高层木结构建筑技术标准》GB/T 51226

52 《装配式木结构建筑技术标准》GB/T 51233

53 《混凝土结构后锚固技术规程》JGJ 145

上海市工程建设规范

轻型木结构建筑技术标准

DG/TJ 08—2059—2022
J 11461—2022

条 文 说 明

2023　上海

目　次

Contents

1 总　则

1.0.2　本条的适用范围是根据上海市场需求以及不同类别民用建筑重要性程度、消防扑救能力及结构设计技术的可行性等而提出的。

1.0.4　轻型木结构体系在世界各个地区的发展过程中,形成了具有地方特色的材料规格及建筑构造尺寸,例如用于建造轻型木结构建筑的规格材、板材等,各个地区的规格、尺寸均不尽相同;现行国家标准《木结构设计标准》GB 50005 中规定包括规格材等尺寸在内的轻型木结构的尺寸体系;对于进口规格材,当规格材的截面尺寸与GB 50005 中规定的规格材尺寸相差不超过 2 mm 时,可与其相应规格材等同使用。但是,为保证结构的安全及房屋质量,应在房屋中使用一种尺寸体系,不得将不同系列的规格材在同一建筑中混合使用。

北美地区的轻型木结构尺寸体系作为国际上常用的体系,在我国已有较为广泛的应用。为方便设计人员的使用,本条文说明在表 1～表 4 中列出现行国家标准《木结构设计标准》GB 50005 尺寸体系同北美尺寸体系的对照。

1　北美体系材料和构造尺寸对照

北美体系材料和构造尺寸与现行国家标准《木结构设计标准》GB 50005 的名义尺寸对照见表 1～表 4。

表 1　北美体系规格材尺寸对照表[1,2]（见图 1、图 2）

GB 50005 名义尺寸	北美体系尺寸	GB 50005 名义尺寸	北美体系尺寸	GB 50005 名义尺寸	北美体系尺寸
截面尺寸 ($b \times h$) (mm×mm)	截面尺寸 ($b \times h$) (mm×mm)	截面尺寸 ($b \times h$) (mm×mm)	截面尺寸 ($b \times h$) (mm×mm)	截面尺寸 ($b \times h$) (mm×mm)	截面尺寸 ($b \times h$) (mm×mm)
40×40	38×38	—	—	—	—

GB 50005 名义尺寸	北美体系 尺寸	GB 50005 名义尺寸	北美体系 尺寸	GB 50005 名义尺寸	北美体系 尺寸
截面尺寸 ($b \times h$) (mm×mm)	截面尺寸 ($b \times h$) (mm×mm)	截面尺寸 ($b \times h$) (mm×mm)	截面尺寸 ($b \times h$) (mm×mm)	截面尺寸 ($b \times h$) (mm×mm)	截面尺寸 ($b \times h$) (mm×mm)
40×65	38×64	65×65	64×64	—	—
40×90	38×89	65×90	64×89	90×90	89×89
40×115	38×114	65×115	64×114	90×115	89×114
40×140	38×140	65×140	64×140	90×140	89×140
40×185	38×184	65×185	64×184	90×185	89×184
40×235	38×235	65×235	64×235	90×235	89×235
40×285	38×286	65×285	64×286	90×285	89×286

表2 板材平面尺寸对照表(见图1、图2)

GB 50005名义尺寸(mm)	北美体系规格材尺寸(mm)
1 200	1 220
1 400	1 406
2 400	2 440

表3 板材厚度的名义尺寸对照表(见图1、图2)

GB 50005名义尺寸(mm)	北美体系规格材尺寸(mm)
7	6.4
9	8.7,9.5
12	12.7,11.9
15	15.1,15.9
19	19.1
25	25.4

表 4 结构构造尺寸对照表[3]（见图 1、图 2）

GB 50005 名义尺寸（mm）	北美体系规格材尺寸（mm）
40	38
50	—
65	64
75	—
90	89
300	305
400	406
500	508
600	610
1 200	1 220
2 400	2 440

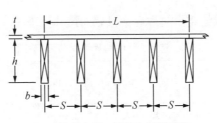

图 1 构件规格、间距和板材厚度

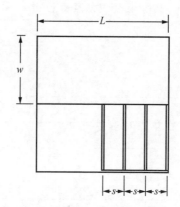

图2　板材尺寸和构件间距

注：1　表中截面尺寸均为含水率不大于19%,由工厂加工的干燥木材尺寸。

　　2　其他体系规格材截面尺寸与国际规格材名义尺寸相差不超2 mm时,可与其相应规格材等同使用,但在计算时应按规格材实际截面进行计算。

　　3　不得将不同规格系列的规格材在同一建筑中混合使用。

　　4　名义构造尺寸可用到名义搁置长度等关于构造尺寸的规定中,例如,40 mm名义最小搁置长度在北美体系中等同于38 mm实际搁置长度。

2　机械分级的速生树种规格材截面

机械分级的速生树种规格材截面尺寸见表5。

表5　速生树种结构规格材截面尺寸表

截面尺寸 宽(mm)×高(mm)	45×75	45×90	45×140	45×190	45×240	45×290

注：1　表中截面尺寸均为含水率不大于19%,由工厂加工的干燥木材尺寸。

　　2　不得将不同规格系列的规格材在同一建筑中混合使用。

2 术语和符号

本章所用的术语和符号是参照现行国家标准《工程结构设计通用符号标准》GB/T 50132 和《工程结构设计基本术语标准》GB/T 50083 的规定编写的,并根据需要增加了一些内容。

2.1 术 语

2.1.3 本标准主要涉及以下几种形式的混合轻型木结构体系:

1 木楼盖、屋盖混合结构体系:在混凝土结构、砌体结构或钢结构中,采用轻型木楼盖或轻型木屋盖作为水平楼盖或屋盖的混合结构形式。

2 上部混合木结构体系:上部为轻型木结构,下部为其他结构材料组成的混合结构形式。

3 钢框架内填轻型木剪力墙体系。

3 材 料

3.1 结构和构件材料

3.1.1 对尚未列入上述标准的规格材,其强度特征值可根据现行国家标准《结构用规格材特征值的测试方法》GB 28987 确定,其设计指标依据现行国家标准《木结构设计标准》GB 50005,按规定的程序确定。

3.1.4 进口产品生产单位应经过独立第三方机构按照现行国家标准《产品认证机构通用要求》GB/T 27065 认证,对进口产品应进行抽样检验;产品的物理力学指标及主要材性应按国家有关标准确定,其设计指标依据现行国家标准《木结构设计标准》GB 50005,按规定的程序确定。

3.1.5 对于工程木产品,其强度特征值应根据有关国家标准确定;如果没有相应国家标准,可根据现行国家标准《结构用木质复合材产品力学性能评定》GB/T 28986、《建筑结构用木工字梁》GB/T 28985 以及《木结构用单板层积材》GB/T 36408 确定;当进口产品遵守的标准与我国相应的标准测试方法有差异时,其强度特征值应根据测试标准的差异确定转换方法转换。

3.1.6 轻型木结构中使用的钢材包含金属连接件和桁架钢齿板等。

3.1.9 轻型木结构中常用的钉包括普通圆钢钉、麻花钢钉、螺纹圆钢钉、环形钉、木螺丝、U 形钢钉等。

3.4 隔声材料

3.4.2 现行国家标准《声学混响室吸声测量》GB/T 20247 要求测量频率至少为 125 Hz～4 000 Hz 六个倍频带中心频率,而降噪系数是在 250 Hz、500 Hz、1 000 Hz、2 000 Hz 测得的吸声系数的平均值,算到小数点后两位,末位取 0 或 5,故本条规定测试频率至少应在 250 Hz 至 2 000 Hz 之间。

3.4.4 轻型木结构建筑使用的减振龙骨又称弹性金属隔音条,如图 3 所示。

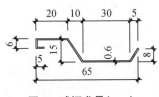

图3 减振龙骨(mm)

4 设计基本规定

4.1 一般规定

4.1.1～4.1.5 此五条系根据现行国家标准《建筑结构可靠性设计统一标准》GB 50068 和《木结构设计标准》GB 50005 作出的规定。

4.1.6 目前的结构设计除抗震设计外,应采用以概率理论为基础的极限状态设计方法,用分项系数设计表达式进行计算;在各种作用、材料性能和几何参数等基本变量确定后,结构的可靠度决定于各分项系数的取值,既定的结构构件的可靠度需要一定的分项系数来保证。

地震作用属于可变作用或偶然作用,其目标可靠度指标的取值应低于静力作用下的目标可靠度指标。因此,从理论上说,抗震设计中采用的材料强度设计值 R_{dE} 应高于静力作用时材料强度设计值 R_d。但设计规范为了使用方便,便于将地震作用效应直接比较,在抗震设计中仍采用静力设计时的材料强度设计值,但通过引入承载力调整系数 γ_{RE} 来提高其承载力。

4.1.7 本条规定参考了现行国家标准《木结构设计标准》GB 50005、《多高层木结构建筑技术标准》GB/T 51226、《装配式木结构建筑技术规范》GB/T 51233 的相关规定。

本条对现行各规范中所列轻型木结构建筑抗风验算要点进行了归纳:对于主体结构计算时,垂直于建筑表面的单位面积风荷载标准值应按现行国家标准《建筑结构荷载规范》GB 50009 的规定计算;对横风向风振或扭转风振的计算范围、方法以及顺风向与横风向效应的组合方法应符合现行国家标准《建筑结构荷载规范》GB 50009 的规定；当木墙板外墙围护材料采用砖石等较重材料时，应考虑围护材料产生的墙骨柱平面外的地震作用。对于轻型木结构，其屋盖与下部结构的连接是十分关键的，有必要提高连接处的作用力，保证连接的可靠性。

4.1.8 本条规定参考了现行国家标准《木结构设计标准》GB 50005。

具体构造措施方面应注意以下几点：

1 为防止瞬间风吸力超过屋盖各个部件的自重，避免屋瓦等被掀揭，宜采用增加屋面自重和加强瓦材与屋盖木基层整体性的办法（如压砖、坐灰、瓦材加以固定等）。

2 应防止门窗扇和门窗框被刮掉，否则将使原来封闭的建筑变为局部开敞式，改变了整个建筑的风荷载体型系数。因此，除了应注意经常维修外，还应强调门窗应予锚固。

3 应注意局部构造处理，以减少风力的作用。

4 应加强房屋的整体性和锚固措施，锚固可采用不同的构造方式，但其做法应足以抵抗风力。

4.1.9 本条规定参考了加拿大规范 CSA O86—14。

为适应轻型木结构建筑领域新产品、新技术、新方法不断涌现的现状，便于引进国外先进技术或专利产品，便于创新产品、先进技术等的顺利实施，以不断推进我国轻型木结构建筑领域的发展，本标准在借鉴加拿大规范 CSA O86—14 相关条款基础上，提出在经过充分论证并有可信研究后，可采用本标准中未涵盖的新型、特殊设计及施工方法进行抗震、抗风设计。

4.2 结构体系和平面布置

4.2.1，4.2.2 此两条系参照现行国家标准《建筑抗震设计规范》GB 50011 和美国 IBC 2006 的有关条文所作出的原则性规定。

4.2.3 局部尺寸的限制在于防止因这些部位的失效而造成整栋

结构的破坏,墙肢长度不满足要求,可采用其他工程木产品或金属件进行局部加强。

4.2.4 对于不规则结构,参照现行上海市工程建设规范《建筑抗震设计规程》DG/TJ 08—9—2023 中对不规则结构进行了定义,分为平面不规则和竖向不规则,其中平面不规则包括扭转不规则,凹凸不规则和楼板连续不规则,竖向不规则包括侧向刚度不规则、竖向抗侧力构件不连续和楼层承载力突变;参照现行上海市工程建设规范《建筑抗震设计规程》DG/TJ 08—9—2023,给出了对于不规则结构在进行水平地震力计算及内力计算时应采取的措施。

本标准在编制中,综合考虑了中国规范和美国规范(IBC 2006)的要求,针对轻型木结构建筑的特点,主要采纳了美国规范关于轻型木结构设计的一些定义与要求,主要包括下列内容:

1 针对不同抗震等级的木结构,其不规则性的要求有所不同;美国规范根据建筑的重要性等级,以及所在场地的地面加速度分区和场地特征,对建筑进行分级为 A、B、C、D、E、F 共六个等级,A 级抗震要求最低,F 级最严。

2 根据上海地区抗震设防要求,上海地区场地土特征以及轻型木结构以及混合轻型木结构所建造的房屋的抗震重要性等级,对应于美国规范 IBC 2006,均为抗震等级 C 级。

3 按照 IBC 2006 中抗震等级 C 级关于不规则结构的要求,确定本标准中轻型木结构以及混合轻型木结构的规则性。

4.2.5 本条规定参考了现行国家标准《建筑抗震设计规范》GB 50011 的有关条文。

4.3 设计指标和允许值

4.3.1 为方便工程设计人员使用本条规定,引用现行国家标准《木结构设计标准》GB 50005,将木材的主要设计值放入附录。

4.3.2、4.3.3 条文结合工程应用对现行国家标准《木结构设计标准》GB 50005 有关内容进行了增补,如引入对楼板梁和搁栅在活荷载下的挠度限值,以满足舒适度要求。

4.3.4 受压构件长细比限值的规定,主要是为了从构造上采取措施,以避免单纯依靠计算,取值过大而造成刚度不足。

4.3.5 木结构表现出明显的非线性特点,即在加载的初期没有明显的弹性区段。美国、加拿大规范没有对轻型木结构的弹性层间位移进行控制,仅给出弹塑性位移限值要求为 1/30。本条根据轻型木结构建筑特点,参照现行国家标准《建筑抗震设计规范》GB 50011 对其他结构形式的要求,对轻型木结构建筑的弹性层间位移进行限定取值。根据国内有关研究单位 2004—2006 年的系列振动台试验结果分析表明:当结构层间最大位移角小于 1/300～1/200 时,结构基本处于弹性阶段,结构第一基本周期与初始状态基本相同,故最大层间位移角限值取为 1/250。

5　荷载、作用及其效应计算

5.1　一般规定

5.1.1　对结构分析软件的计算结果,应进行分析判断,确认其合理、有效后方可作为工程设计的依据。

5.2　作　用

5.2.4　上海属台风多发地区,台风对木结构的危害较大,特别是风力对屋盖造成的负风压有时很不利。根据以往部分地区及北美地区的经验,在台风地区设计木结构,在验算屋盖与下部结构连接部位的连接强度时,可考虑适当提高基本风压的重现期,对风荷载等引起的上拔力或侧向力适当放大。

5.3　地震作用计算和结构抗震验算

5.3.4　参照现行上海市工程建设规范《建筑抗震设计标准》DG/TJ 08—9规定,根据国内有关研究单位对轻型木结构模拟地震振动台的试验结果和美国规范 IBC 2006 提供的周期计算公式,轻型木结构的自振周期均在地震影响系数曲线的水平段对应的周期范围内(0.1 s~0.65 s),结合上海地区场地土特点,地震影响系数取最大值 $\alpha_1 = \alpha_{max}$。 根据轻型木结构的适用范围,地震作用计算时,可不考虑顶部附加地震作用的影响。

5.3.10　根据轻型木结构建筑特点,参照现行上海市工程建设规范《建筑抗震设计标准》DG/TJ 08—9对相应条款作了具体的规定。第 1 款对平面规则结构考虑扭转作用作了规定;第 2 款根据轻型木结构建筑特点,增加了限定性词"特别不规则结构";底层作为车库使用的轻型木结构建筑,在底层的一侧有较大的门洞,门洞对剪力墙的削弱使该层成为轻型木结构抗震的薄弱层。震害调查表明,有大门洞的轻型木结构建筑底层在地震作用下易产生破坏,国内有关研究单位 2004 年和 2005 年不规则轻型木结构振动台试验现象也出现类似破坏现象,因此对薄弱层计算得到的地震剪力进行放大,取值参照现行上海市工程建设规范《建筑抗震设计标准》DG/TJ 08—9。

6 结构设计与构造

6.1 轻型木结构设计

Ⅰ 一般规定

6.1.1~6.1.3 轻型木结构楼盖和屋盖主要以木基结构板与搁栅用钉连接,在平面内形成抗侧构件,抵抗水平剪力并传递水平荷载;计算平面外的强度时,一般只考虑搁栅的承载力,不考虑木基结构板和搁栅的共同作用。

轻型木结构的剪力墙由木基结构板、规格材以及连接木基结构板和规格材的钉组成;当水平荷载作用在墙体的平面内时,墙体中的木基结构板与规格材在水平荷载作用下产生相对变形,使钉连接在墙体平面内形成抗侧力,抵抗水平荷载作用;当墙体承受竖向荷载以及墙体平面外的水平荷载时,设计时一般可不考虑木基结构板和墙体骨架的共同作用。

Ⅱ 设计方法

6.1.5 轻型木结构建筑通常用于建设规模不大,体型和平面布置简单的住宅建筑,对于这类面广量大简单的、小体量住宅建筑,其结构的受力特征必定存在共性。因此,只要通过大量的设计计算和总结,将这类规律总结出来,对今后类似的轻型木结构,其结构布置和构件截面的大小可参考已建的建筑,即便不经过计算,也可以保证它们的安全性。而对于结构布置复杂、规模较大的建筑,则仍应通过设计来保证结构的安全性。

参考 IBC 2006 的有关条文,本条规定了使用构造设计法的限制条件,包括楼面积、每层墙体高度、跨度、使用荷载、抗震设防烈度和最大基本风压等,超出这些范围,轻型木结构建筑仍可使用,但需采用工程设计法设计。

对本条的第 7 款,应保证轻型木结构承重构件布置较密,间距不大于 600 mm;除了专门设置的梁和柱以外,这些承重构件常包括但不限于梁、柱、搁栅、墙骨柱、屋面桁架和桁架梁等。

6.1.8 局部单元指局部区域(如一个或几个房间)、局部组件(如楼盖、屋盖,墙体)或局部构件(如搁栅,墙骨柱,梁和柱)。以下为结构局部单元超出第 6.1.5 条的一些例子:

1 当部分楼层高度超过 3.6 m 时,则该部分的墙体应进行水平和竖向荷载工程设计。

2 当上、下承重内墙水平错位超过 1.2 m 时,则该部分的墙体应进行水平和竖向荷载工程设计;支承上部承重内墙处的楼盖搁栅应进行水平和竖向荷载工程设计。

3 当局部构造剪力墙的最小长度和位置超出第 6.1.6 条的要求时,则该部分的墙体应进行水平荷载工程设计。

4 当有局部集中荷载时,支承集中荷载的楼盖搁栅、墙骨柱、梁或柱应进行竖向荷载工程设计。

6.1.10 IBC 2006 第 1613.6.1 条指出,没有混凝土面层的钢楼盖或轻型木楼盖可以被假定为理想柔性楼盖,但必须满足以下四点:①轻型木楼盖表面没有连续的混凝土面层,或连续的非结构性混凝土面层(厚度不大于 38 mm);②轻型木结构竖向抗侧构件层间水平位移小于表 12.12-1 的要求;③竖向抗侧构件是有木基结构板的轻型木剪力墙;④楼盖悬臂处根据第 23.2.5 条进行设计。因此,北美地区对于满足以上条件的一般轻型木结构建筑均采用柔性楼盖假定进行地震作用分配;鉴于楼盖变形计算复杂,而且仅适用于矩形平面规则结构,因此本标准直接提出基于"柔性楼盖"假定的地震力分配原则。

6.1.12 设计时可假定作用在各楼层的地震剪力均匀分布在楼盖上,由支承楼盖的抗侧力构件根据楼盖从属面积比例分配,计算方法由以下算例说明。

作用在抗侧力构件 W_i 上的水平剪力见式（1）和图（4）。

$$FW_i = \frac{bL_i}{\sum\limits_{j=1}^{4} bL_j} F \tag{1}$$

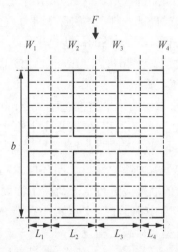

图 4　作用在抗侧力构件上的水平剪力示意图

对于作用在垂直方向上的地震剪力，分配到抗侧力构件上的地震剪力可用类似方法确定。

但实际楼盖并非没有刚度，完全不考虑楼盖刚度，对较长墙体来说，按从属面积的比例分配得的剪力偏小，因此，应适当调整。

6.1.14 风荷载作用下，轻型木结构建筑在封闭状态下容易产生变形，如箱体结构的变形。因此，需对边缘墙体进行仔细分析，采用 1.2 调整系数，以考虑箱型结构变形角部应力较大的影响。

Ⅲ　楼盖、屋盖平面内荷载作用下的设计

6.1.15 本条给出的楼盖、屋盖抗剪承载力计算公式，适用于楼盖、屋盖长宽比小于或等于 4：1 的情况,是为了保证水平荷载作用下弯矩产生的影响较小,以剪切变形为主。当楼盖、屋盖的长宽比大于 4：1 时,应考虑弯矩在平面内产生的影响,通过计算确定构件设计。

对于 k_2,未列出的树种可参考密度确定取值,具体取法如下:

当该树种的相对密度

$$\rho \geqslant 0.5, \ k_2 = 1.0;$$
$$0.45 \leqslant \rho < 0.5, \ k_2 = 0.9;$$
$$0.40 \leqslant \rho < 0.45, \ k_2 = 0.8;$$
$$\rho < 0.4, \ k_2 = 0.7。$$

6.1.16 公式中给出的计算方式用于确定垂直荷载方向的楼盖、屋盖边界构件中的轴力,将楼盖看作梁构件,M_1 为作用于楼盖、屋盖等均布侧向荷载产生的弯矩,包括风荷载和地震作用,M_1/B 即为垂直于荷载方向边界构建中产生的轴力;M_2 为作用于楼盖屋盖单侧的均布荷载产生的弯矩,故只在洞口边缘到边界构件局部范围内产生的垂直于荷载方向的轴力 M_2/a,将二者进行叠加计算并确定边界构件的承载力,是一种偏于保守的考虑。

6.1.17 对于平行于荷载方向的边界杆件,应连续布置,以有效传递楼盖、屋盖在水平荷载作用下剪力的传递。当支承楼盖、屋盖的下部剪力墙体没有沿全长布置时,在各剪力墙墙肢边缘会出现应力集中,此时需对边界杆件进行验算,以保证足够的承载力。边界杆件一般可以是楼盖、屋盖的边界搁栅,下部剪力墙的顶梁板或者是布置在楼盖屋盖中的连杆。图 5 列出了不规则平面连杆传递剪力的示意图。

边界杆件的轴力计算应根据边界连杆设置的具体情况确定,下面两种情况可供参考。

1）如图 6 所示的剪力墙布置,边界杆件的轴向力按下列公式计算,取二者的较大值:

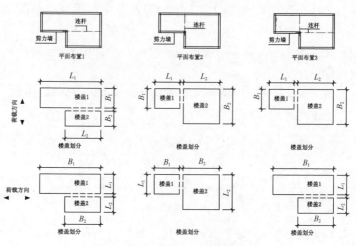

图 5　楼盖、屋盖中的连杆示意图

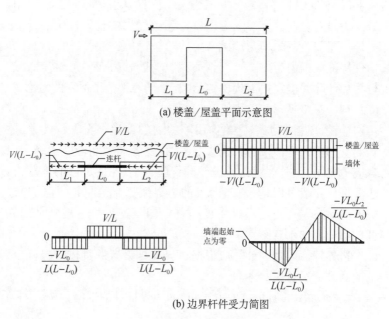

(a) 楼盖/屋盖平面示意图

(b) 边界杆件受力简图

图 6　连杆受力示意图

$$N_r = \frac{v_a L_0 L_1}{L - L_0}, \quad N_r = \frac{v_a L_0 L_2}{L - L_0}$$

式中：　v_a——楼盖、屋盖边界构件上的单位长度上的平均剪

力，$v_a = \dfrac{V}{L}$（kN/m）；

L_0——洞口宽度（m）；

L, L_1, L_2——分别为剪力墙的总宽度、洞口两侧墙体宽度（m）。

2）如图 7 所示的剪力墙布置，连杆的轴向力按下式计算：

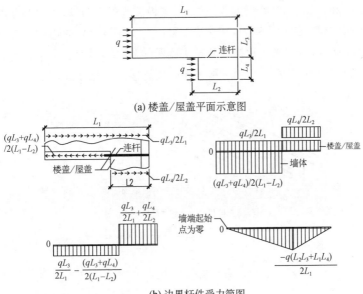

(a) 楼盖/屋盖平面示意图

(b) 边界杆件受力简图

图 7　连杆布置与受力简图

$$N_r = \frac{q(L_1 L_4 + L_2 L_3)}{2L_1}$$

式中：　q——楼盖、屋盖边界构件单位长度上均布荷载（kN/m）；

L_1, L_2——平行于受力方向的楼盖、屋盖的深度（m）；

L_3, L_4——垂直于受力方向的楼盖、屋盖的跨度(m)。

6.1.18 本条主要用以保证楼盖、屋盖开孔周边剪力的传递。

Ⅳ　楼盖、屋盖平面外荷载作用下的设计

6.1.20、6.1.21 楼盖、屋盖的搁栅应按简支受弯构件进行强度设计和变形计算,并按照本标准附录C进行振动控制设计,取三者的最不利情况为最后的设计结果,在支座处应进行局部承压验算。

6.1.22 当由搁栅支承的墙体离搁栅支座的距离小于搁栅高度时,剪力可直接传递到下部支撑,故不作剪切验算。

6.1.26 如图8所示,因开设洞口,楼板搁栅被打断,形成短搁栅以及洞口周边的封头搁栅,其连接常采用金属连接件与周边构件进行可靠连接,传递来自短搁栅和封头搁栅的荷载。因为短搁栅和封头搁栅中的力比较大,所以一般采用金属连接件进行连接。

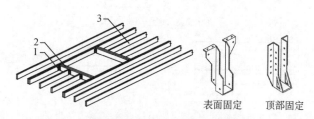

表面固定　　顶部固定

1—金属连接件;2—封头搁栅;3—短搁栅

图8　开洞楼盖搁栅连接示意图

Ⅴ　剪力墙平面内荷载作用下的设计

6.1.27 剪力墙的高度可取楼层内从剪力墙底梁板到顶梁板的顶面的垂直距离,剪力墙的抗剪承载力为洞口间墙肢抗剪承载力之和,洞口部分抗剪承载力忽略不计;剪力墙墙肢高宽比限值为3.5,这主要是为了保证墙肢的受力和变形以剪切受力和变形为主;当剪力墙墙肢的高宽比增加时,墙肢的结构表现为接近于悬臂梁。

对于k_2,未列出的树种可参考密度确定取值,具体取法如下:

当该树种的相对密度

$$\rho \geqslant 0.5, \ k_2 = 1.0;$$
$$0.45 \leqslant \rho < 0.5, \ k_2 = 0.9;$$
$$0.40 \leqslant \rho < 0.45, \ k_2 = 0.8;$$
$$\rho < 0.4, \ k_2 = 0.7。$$

木材和连接的强度随荷载持续作用时间的长短而变化,一般而言,随着荷载作用持续时间增加,强度会降低,反之亦然。由于表中的抗剪强度对应于标准荷载持续作用时间,因此在风荷载和地震作用下应相应提高,刚度不应调整。刚度 K_w 由木基结构板材的剪切刚度和钉连接的刚度组成,由于相同厚度的 PLY 和 OSB 板的剪切刚度不相同,因此对应的刚度 K_w 也不相同,北美试验数据表明,由相同厚度的 PLY 和 OSB 板制作的剪力墙的抗侧强度相似,因此采用了相同的强度设计值。

6.1.28,6.1.29 剪力墙平面内弯矩产生的一对力偶由两端边界墙骨柱承受,在验算受拉边界构件时,当上拔力大于重力荷载时,应设置抗拔紧固件将上拔力传递到下部结构;在验算受压边界构件时,除考虑平面内弯矩引起的轴力,还要考虑上部结构传来的竖向力与平面外荷载的共同作用。

6.1.34 生产商一般会提供抗拔紧固件的设计承载力和相应的变形,d_a 可取 2 mm,θ 根据下层墙体顶部位移的计算得到,K_w 不考虑 d_a 和 θ。

Ⅵ 剪力墙竖向及平面外荷载作用下的设计

6.1.35 外墙墙骨柱与上、下顶梁板和地梁板应可靠连接,以抵抗作用于外墙平面外的风荷载,避免墙骨柱在风荷载作用下的位移和变形。

Ⅶ 轻型木桁架的设计

6.1.41 轻型木桁架中弦杆受力较大,对强度、刚度有较高要求;

腹杆受力相对较小,但也需进行强度设计。因此,必须要有规范规定的强度设计值,桁架构件用目测分等和机械分等规格材均可。

6.1.42 在桁架平面内,节点上的钢齿板对汇于该处的所有杆件的杆端转动都具有约束作用,故平面内计算长度可以折减;《美国钢齿板木桁架规范》ANSI/TPI 1规定,一般弦杆最小计算长度可取0.65倍间长度,腹杆为0.8倍节间长度;《加拿大钢齿板连接轻型木桁架设计规程》TPIC规定,平面内计算长度取0.8倍节间长度,根据节点约束情况并参照美加规范确定了本条规定。

桁架平面外节点板的刚度很小,不可能对杆件端部有约束,故平面外弦杆取侧向支撑点间的杆件长度、腹杆取节点中心距离;当桁架布置较密,上弦无侧向支撑构件,但有覆面板牢固连接时,不必考虑平面外失稳。

6.1.43 桁架连接点为钢齿板,在钢齿板平面内钢齿板对杆端具有一定的转动约束,因此桁架构件内除轴向力外还存在一定弯矩;参照《加拿大钢齿板连接轻型木桁架设计规程》TPIC,轻型木结构计算模型通过对桁架结构按一定规律模拟得到。

当桁架跨度较大时,弦杆用钢齿板对接接长,此处节点称为对接节点。对接节点不得置于与支座相邻的节间或与屋脊节点相邻的节间,否则桁架会成为几何可变结构。

计算模型中支座端节点根据上下弦相对关系、上下弦截面尺寸模拟成3个分节点;当上弦或下弦有加强杆件时,模拟成4个分节点,这样1个支座节点由多点模拟的方式称之为复合模拟,复合模拟中的竖杆为虚拟构件。当3个分节点距离较近时,3个分节点简化为1个,称之仅设第1分节点。

Ⅷ 构造要求

6.1.51~6.1.68 条文参考了现行国家标准《木结构设计标准》GB 50005—2017中的相关规定。

6.2 混合轻型木结构设计

Ⅰ 一般规定

6.2.1 混合木结构的形式除了本条所述之外,尚有其他的混合形式。基于上海地区的市场需求,以及研究工作和结构设计技术的可行性的考虑,本条对本章所讨论的混合结构形式作出了限定。

Ⅱ 木楼盖、屋盖混合结构

6.2.8 木楼盖与其他结构的连接应尽量减少对其他结构的削弱,可通过采用金属连接件与其他结构间接连接,如楼面搁栅可用金属连接件吊挂在墙体一侧,此种做法不会削弱墙体截面,有条件时可以直接搁置并固定;不建议采用搁栅直接插入墙体的做法,这样一者会造成墙体削弱,二者会增加防腐的要求。

Ⅲ 上部轻型木结构的混合结构体系

6.2.9 一般情况下,轻型木混合结构特点是底层抗侧刚度较大。为此,国内有关研究单位于 2006 年对底层混凝土结构上部二层轻型木结构(名义抗侧刚度为 2～12)的轻型木混合结构进行振动台试验(以下简称"2006 年振动台试验"),试验结果及理论分析表明:当抗侧刚度之比小于 4 时,可对整体结构采用底部剪力法进行计算。

试验结果和美国规范 IBC 2006 提供的周期估算公式得到三层房屋的基本周期在地震影响系数曲线水平段对应的周期范围内(0.1 s～0.65 s)。因此,对于混合结构,地震影响系数取最大值 $\alpha_1 = \alpha_{\max}$,不考虑顶部附加地震作用的影响。

2006 年振动台试验中 6 个足尺模型的基本周期为 0.19 s～0.28 s,结构阻尼在 2.65%～4.95% 之间,结构在输入峰值加速度为 0.5g 的地震波作用下,阻尼比为 7.49%～17.56%;国家标准中混凝土结构、砌体结构、轻型木结构阻尼比均取 5%,因此本条文取混合结构的阻尼比为 5%。对于有可靠试验依据或理论依据的其他混合结构,其阻尼比可根据研究结果确定。

6.2.10 美国规范 ASCE/SEI 7-05 第 12.2.3.1 条指出:对于下刚上柔的结构,当下部刚度是上部刚度的 10 倍及以上,同时上部结构的周期不大于整体结构周期的 1.1 倍,上、下两部分可以分开独立计算,各部分按相应的条款计算,并考虑上部对下部的作用。2006 年振动台试验结果及理论分析表明,当下部抗侧刚度与上部木结构抗侧刚度比大于 8 时,上、下两部分可分开计算,各自按相应规范进行;但是,试验表明,不仅要考虑上部柔性结构对下部刚性结构的作用,尚应考虑下部结构对上部结构的动力放大因素;加速度放大系数与场地输入地震波特性、上部木结构所在的高度,以及上、下刚度比等因素有关;采用时程分析法计算,基于加速度反应谱理论推导出的最大放大系数为 1.8,而振型反应谱法得出的加速度放大系数为 1.5。由于目前缺少广泛的研究资料,从安全角度,加速度放大系数取 2.0。

6.2.12 多层木屋盖住宅建筑,仅顶层屋盖采用木桁架等轻型木结构,因此结构抗震计算按相应规范进行,可采用底部剪力法或振型分解反应谱法计算。加拿大专家建议,对顶层采取两个质点的计算方法,即木屋盖作为质点,位于屋盖高度的 1/2 处,顶层墙体的 1/2 质量凝聚在屋架支座处;通过计算分析得出,该方法对于顶层以下墙体的剪力和位移影响甚小,仅对屋架处的剪力影响较大。由于屋盖抗侧刚度尚没有推荐计算方法,为方便设计,故仍按顶层一个质点的方法进行设计,但对屋架与墙体连接处的剪力值进行调整。

轻型木结构屋盖可独立按本标准相关条款进行设计,所受到的底部地震作用为整体计算中顶层地震剪力的 50%,风荷载计算时需考虑屋架所在位置的高度影响。

6.2.13 轻型木结构平改坡工程中木屋盖为后加在已有建筑上,

考虑原有建筑一般是多层砌体结构房屋，原结构的刚度和质量均远大于木屋盖。为便于设计计算，同时又合理有效地考虑平改坡工程的特点，提出木屋盖地震作用采用原结构顶层地震剪力的20%，并以此对木屋盖进行抗震设计。若需验算后加屋盖对原有结构的影响，可将后加屋盖作为质量位于原顶层质点处，不考虑后加屋盖对原结构的刚度贡献；若后加屋盖落在原有女儿墙或新加女儿墙上，可根据女儿墙的刚度和屋架中部刚度确定屋盖质点的刚度、质量和位置，采用底部剪力法和振型分解反应谱法计算其地震作用。

Ⅳ 钢框架内填轻型木剪力墙混合结构体系

6.2.22 轻型木剪力墙可与钢框架混合，形成钢框架内填轻型木剪力墙混合结构体系。该类体系中，轻型木剪力墙是钢框架的填充墙，但同时也是结构体系中的主要抗侧力构件。

6.2.23 钢框架和内填轻型木剪力墙间的剪力分配是该类体系设计的重点，二者间的内力分配取决于弹性抗侧刚度比，因此设计该类体系需首先计算参数 λ。$k_{wood} = 0.4 P_{peak}/\Delta_{wall}$，$P_{peak}$ 为轻型木剪力墙的极限抗侧承载力，Δ_{wall} 为木剪力墙在 $0.4 P_{peak}$ 处所对应的侧向位移，P_{peak} 和 Δ_{wall} 可通过有限元模拟或试验方法确定。

6.3 连接设计

Ⅰ 一般规定

6.3.1 木条对木结构连接设计作了规定。

2 同一种刚度连接是指类型、直径和长度都相同的紧固件，将相同构件连接起来，抵抗在相同剪力平面内的荷载，可以认为这些紧固件具有同样的屈服模式。

在同一节点中，当存在 2 种或 2 种以上不同刚度连接的共同作用时，刚度较大连接的破坏先于刚度较小连接的破坏；在同一节点中,当存在直接传力和间接传力 2 种不同传力方式的共同作用时,直接传力构件的破坏先于间接传力构件的破坏。因此,二者难以共同工作,设计中均不宜采用。

当采用 2 种或 2 种以上不同刚度连接时,其设计值应以试验分析为依据。

3 按现行国家标准《建筑抗震设计规范》GB 50011 的规定,主体结构构件之间,通过连接的承载力来发挥各构件的承载力、变形能力,从而获得整个结构良好的抗震能力,因此木构件节点的承载力应高于被其连接的木构件的承载力。此处的木构件,一般指剪力墙、木桁架等部件。

4 木材横纹受拉强度较低,易于产生劈裂或撕裂,在设计中应采取措施,避免被连接的木构件上出现横纹受拉或受弯的受力状况。除非有试验分析证明所采用连接的安全性。

5 木结构构件和连接件的排列均应设计成对称连接,否则应考虑由不对称连接引起的局部弯矩,如搭接节点。

Ⅱ 计算与构造规定

6.3.4 本条文参照现行国家标准《木结构设计标准》GB 50005 的相关规定。

6.3.8 本条文参照现行国家标准《木结构设计标准》GB 50005 的相关规定。

6.3.11 轻型木结构建筑中,金属拉条可用作传递荷载、保证抗侧力结构连续性的有效措施,如剪力墙上、下不连续或平面不连续、结构平面不规则等情况;在混合轻型木结构中,金属拉条可作为木楼盖或木屋盖边界构件与混凝土或砌体外墙间的拉结措施;用于结构整体抗倾覆的金属拉条应在房屋全高设置,并考虑可系紧装置。

6.3.12 金属拉条可有效地传递风和地震作用下的拉力;对结构在风和地震作用下可能出现的压力应由木构件承担。如果金属拉条的平面位置内无贯通的搁栅或梁时,应设置填块,以起到压杆的作用。

6.3.13 试验表明,在地震作用下,当抗侧力结构边界构件的上拔力较大时,金属连接件或抗拔锚固件连接能有效地传递荷载,保证轻型木结构建筑的整体工作。为了提高轻型木结构建筑的整体抗倾覆能力和安全性,在剪力墙两侧边界构件的层间连接、边界构件与基础的连接中应采用金属连接件或抗拔锚固件连接。

Ⅲ　齿板连接

6.3.14 齿板为薄钢板制成(图9),受压承载力极低,故不能将齿板用于传递压力。为保证齿板质量,所用钢材应满足条文规定的国家标准要求。由于齿板较薄,生锈会降低其承载力以及耐久性;为防止生锈,齿板应由镀锌钢板制成且对镀锌层质量应有所规定。考虑条文规定的镀锌要求在腐蚀与潮湿环境仍然是不够的,故不能将齿板用于腐蚀以及潮湿环境。

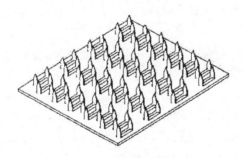

图9　常用齿板示意图

6.3.15 目前,轻型木结构建筑工程中采用的基本是进口齿板。由于国内外钢材的性能各不相同,因此,本标准给出了齿板采用钢材的性能要求,以方便进口齿板的检测和使用。

6.3.16 齿板存在三种基本破坏模式:其一为板齿屈服并从木材中拔出,其二为齿板净截面受拉破坏,其三为齿板剪切破坏。故设计齿板时,应对板齿承载力、齿板受拉承载力与受剪承载力进行验算。另外,在木桁架节点中,齿板常处于剪-拉复合受力状态,故尚应对剪-拉复合承载力进行验算。

齿板滑移过大将导致木桁架产生影响其正常使用的变形,故应对板齿抗滑移承载力进行验算。

6.3.17 在节点处,应采用构件的净截面验算构件的抗拉和抗压强度。构件抗拉或抗压计算时的 h_n 是指抗拉或抗压构件在节点中实际受力处的有效高度;当抗拉或抗压构件中的轴力除以有效截面面积后得到的应力超过木材抗拉或抗压承载能力时,在削弱的净截面处就有可能会发生抗拉或抗压的破坏。

6.3.18～6.3.23 2009 年修订本标准时,鉴于当时我国缺乏齿板连接的研究与工程积累,故齿板承载力计算公式主要参考加拿大的相关木结构设计规范提出;同时考虑中加两国结构设计规范的不同,作了适当调整。随着近年来我国许多大专院校和科研机构相继开展了金属齿板连接的研究,对金属齿板连接的研究也获得了一些有价值的科研成果,这些成果为本次齿板连接部分的修订提供了参考。

6.3.24 国内外有关的拉弯节点试验表明,所有的节点破坏都发生在齿板净截面处,因此,有时金属齿板的抗弯承载力也需要进行验算。本条中各公式参照了《美国轻型木桁架国家设计规范》(ANSI/TPI 1—National Design Standard for Metal Plate Connected Wood Truss Construction)和《加拿大轻型木桁架设计规程》(TPIC—Truss Design Procedures and Specifications for Light Metal Plate Connected Wood Trusses)。这些公式基于试验和理论的结合,并在现行行业标准《轻型木桁架技术规范》JGJ/T 265 中已采用。

6.3.25 齿板为成对对称设置,故被连接构件厚度不能小于齿嵌入深度的 2 倍;齿板与弦杆、腹杆连接尺寸过小易导致木桁架在搬运、安装过程中损坏;齿板安装不正确则不能保证齿板连接承载力满足设计要求。

6.3.26 在设计用于连接受压杆件的齿板时,齿板本身不传递压力,但连接受压对接节点的齿板刚度会影响节点处压力的分配;一般在设计时假定齿板的承载力为压力的 65%,并按此进行板齿的验算。

虽然,在生产加工时应尽量保证对接杆件的接头处没有缝隙,但在实际生产过程中很难做到,当受压节点有缝隙时,齿板将承受 100% 的压力直到缝隙闭合为止。研究表明,当接头处有缝隙时,齿板会发生局部屈曲和滑移;当缝隙在 1.6 mm 范围内时,通常主要的变形是齿滑移;当缝隙在 3.2 mm 左右时,齿板多会产生局部屈曲。在任何情况下,由 1.6 mm 或 3.2 mm 左右的缝隙导致的局部屈曲或滑移不会导致节点的破坏。对于节点设计来说,缝隙处发生的局部屈曲不会影响桁架的强度。由于平行弦楼盖桁架通常由挠度控制,所以平行弦楼盖桁架中受压对接节点的位移变形会进一步影响桁架的挠度。

6.4 地基与基础设计

Ⅰ 一般规定

6.4.2 当附近已有勘察资料时,可采用小螺纹孔进行浅层勘察。

6.4.4 基础浅埋是考虑木结构自重荷载很小,浅层土已能满足地基承载力和变形要求,但要注意基础应埋置在老土上或经过处理满足承载力和变形要求的地基上。

Ⅱ 地基基础

6.4.6 采用天然地基时应注意以下几点:

1 未经处理或处理未达到检验标准的软弱地基不能作为持力层使用。

2 生活垃圾土、浜填土不能用作天然地基持力层。

3 工业废料填土和建筑垃圾填土除大块矿渣、石块需清理外,经过机械碾压、夯实、振动压实等方法处理,一般地基承载力经检测都能满足标准要求。

4 10年以上的老素填土和冲填土的地基承载力一般都大于60 kPa。回填时间不长的素填土或新近冲填土宜选用有效的处理方法。

6.4.13 根据现行国家标准《地下工程防水技术规范》GB 50108的有关规定,防水混凝土结构厚度不应小于250 mm。

6.4.15 采用现浇钢筋混凝土顶板可加强地下室整体刚度,同时为木结构的防蚁创造良好的条件;对于无地下室的底层地坪,建议采用混凝土现浇地坪或预制混凝土空心板架空地坪,同时做好建筑防水防潮措施。

Ⅲ 基础与木结构连接

6.4.19 剪力墙边界构件与基础的连接形式应根据边界构件的上拔力确定,可分别采用金属拉条或抗拔锚固件,两种连接均应有可靠的锚固。

6.4.20 轻型木结构建筑中,柱通过与基础的紧密接触传递轴向压力,拉力由连接件承担;柱与混凝土基础可直接连接,也可通过钢筋混凝土短柱(短柱各边均比木柱大50 mm)与基础连接。

7 防火设计

7.1 基本设计原则

7.1.1 本条综合了现行国家标准《建筑设计防火规范》GB 50016、《木结构设计标准》GB 50005 与《多高层木结构建筑技术标准》GB/T 51226 的相关要求。为与木结构建筑中构件燃烧性能协调，轻型木结构建筑中承重柱、梁、屋顶承重构件的燃烧性能均改为可燃性。本标准主要依据我国对承重柱、梁、楼板等主要木结构构件的耐火试验数据，并参考国外建筑规范的有关规定，结合我国对材料燃烧性能和构件耐火极限的试验要求而确定。当同一座轻型木结构建筑有不同的高度时，考虑到较低的部分发生火灾时，火焰会向较高部分的外墙蔓延，或者较高部分的结构发生火灾时，飞火可能掉落到较低部分的屋顶，存在火灾从外向内蔓延的可能，故要求较低部分的屋顶承重构件和屋面不能采用可燃材料。

层数为 3 或 4 层的轻型木结构建筑耐火等级为木结构建筑Ⅱ级，层数为 2 层或以下的轻型木结构建筑耐火等级为木结构建筑Ⅲ级。

7.1.4 本条综合了现行国家标准《建筑设计防火规范》GB 50016 与《多高层木结构建筑技术标准》GB/T 51226 的相关要求。当轻型木结构与混凝土结构、砌体结构或钢结构等不燃结构合建时，轻型木结构部分应设置在建筑的上部且层数不应大于 4 层。

在建筑防火中，对于一座轻型木结构建筑可以只考虑同时 1 处发生 1 起火灾。轻型木结构建筑发生火灾后，在水平方向的蔓延情况由建筑之间的防火间距、建筑水平方向的防火分隔措施决定。如不能在水平方向控制建筑火灾的蔓延，则一座建筑越长、建筑面积越大，其火灾损失与危害也越大。根据中国的建筑规划要求、现行国家标准

《民用建筑设计统一标准》GB 50352 以及消防扑救需要,一座建筑的长度一般不应超过 150 m。此外,建筑内一个防火分区的建筑长度及其建筑面积,显然是建筑防火中必须考虑的因素。因此,在参考国外有关规范数据的基础上,并对现行国家标准《建筑设计防火规范》GB 50016 中有关条文进行分析比较后对相应的参数作出规定。

7.1.7 轻型木结构建筑中的安全疏散设计按现行国家标准《建筑设计防火规范》GB 50016 中的四级耐火等级民用建筑的疏散设计要求执行。

7.2 防火间距

7.2.1 本条综合了现行国家标准《建筑设计防火规范》GB 50016 与《多高层木结构建筑技术标准》GB/T 51226 的相关要求。

7.3 防火分隔

7.3.1 轻型木结构中,框架构件和面板之间形成许多空腔,如果墙体构件的空腔沿建筑高度或者与楼盖或顶棚之间没有任何阻隔,一旦构件内某处遇火,火焰、高温气体以及烟气会迅速传播。因此,在这些不同的空间之间,应增设防火分隔,从构造上阻断火焰、高温气体以及烟气的传播。根据火焰、高温气体和烟的传播的方式和规模,防火分隔分成竖向防火分隔和水平防火分隔。

竖向防火分隔主要用来阻隔火焰、高温气体和烟气通过构件上的开孔,通过竖向通道在不同构件之间的传播;其主要是通过相对封闭的空间,有效地限制氧气的供应量以达到限制火焰增长的目的。水平防火分隔,则是限制火焰、高温气体和烟气在水平构件中的传播;水平防火分隔的设置,一般根据空间中的面积来确定。

1 竖向防火分隔

图 10 和图 11 给出的是轻型木结构中常用的竖向防火分隔。

墙体中,在竖向构件之间会形成竖向的密闭空间,这个空间为烟气和高温气体沿竖向穿越到其他部位提供了通道,所以必须增加防火分隔措施进行隔火。在多数轻型木结构的墙体应用中,墙体的顶梁板和底梁板为主要的隔火构件。

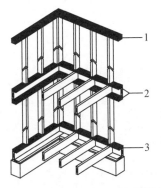

1—顶梁板作为墙体和屋顶阁楼
之间的竖向挡火构造;
2—顶梁板和底梁板作为墙体和
楼盖之间的竖向挡火构造;
3—底梁板作为墙体和楼盖之间
的竖向挡火构造

图 10　墙体竖向防火分隔(1)

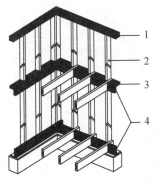

1—顶梁板作为墙体和屋顶阁
楼之间的竖向挡火构造;
2—连续墙骨柱,两层或多层;
3—竖向挡火构造;
4—楼盖与墙体之间的竖向
挡火构造

图 11　墙体竖向防火分隔(2)

对于弧型转角吊顶、下沉式吊顶以及局部下沉式吊顶,在构件的竖向空间与横向空间的交汇处,应采取防火分隔措施。但是对于其他大多数情况下,墙体的顶梁板,楼盖中的端部桁架以及端部支撑可视作隔火构件(图12～图14)。

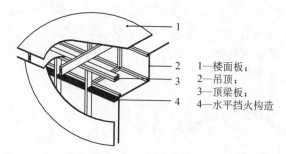

1—楼面板；
2—吊顶；
3—顶梁板；
4—水平挡火构造

图 12　弧型转角吊顶竖向防火分隔

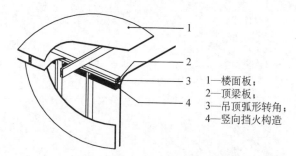

1—楼面板；
2—顶梁板；
3—吊顶弧形转角；
4—竖向挡火构造

图 13　下沉式吊顶竖向防火分隔

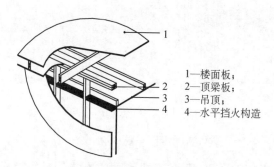

1—楼面板；
2—顶梁板；
3—吊顶；
4—水平挡火构造

图 14　局部下沉式吊顶竖向防火分隔

　　楼梯梁在与楼盖交接的最后一级踏步处必须增加隔火构件，以防火焰和高温气体通过楼梯梁的空隙向外扩散(图15)。

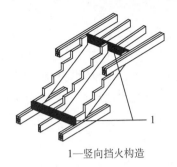

1—竖向挡火构造

图15 楼梯与楼盖之间竖向防火分隔

顶梁板或底梁板上,在穿过管道的开孔周围应采用不可燃材料填塞密封(图16)。

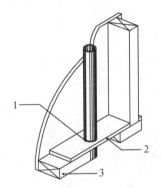

1—不可燃材料密封;
2—局部挡火;
3—顶梁板

图16 管道周围竖向防火分隔

烟囱周围楼盖与烟囱的空隙中,应增设竖向防火分隔(图17)。

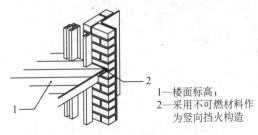

1—楼面标高;
2—采用不可燃材料作为竖向挡火构造

图17 楼盖与烟囱之间竖向防火分隔

2 水平防火分隔

采用吊顶、桁架或椽条时,内部会形成较大的开敞空间,此时必须在这些开敞空间内增加水平隔火构件。如果顶棚不是固定在结构构件而是固定在龙骨上时,应注意在双向龙骨形成的空间内也需增加水平隔火构件。这些空间必须按照下列防火分隔要求分隔成小空间:每一空间的面积不得超过 300 m²;每一空间的宽度和长度不得超过 20 m。

楼盖构件内的水平防火分隔见图18~图20;屋盖阁楼中,水平防火分隔见图21。

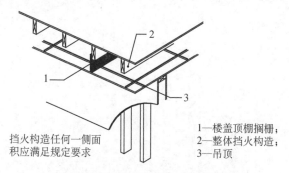

挡火构造任何一侧面
积应满足规定要求

1—楼盖顶棚搁栅;
2—整体挡火构造;
3—吊顶

图18 楼盖内水平防火分隔(1)

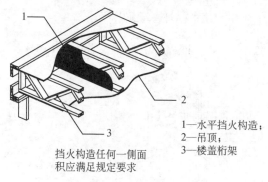

挡火构造任何一侧面
积应满足规定要求

1—水平挡火构造;
2—吊顶;
3—楼盖桁架

图19 楼盖内水平防火分隔(2)

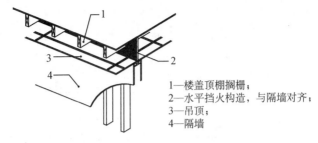

1—楼盖顶棚搁栅；
2—水平挡火构造，与隔墙对齐；
3—吊顶；
4—隔墙

图20　楼盖内水平防火分隔(3)

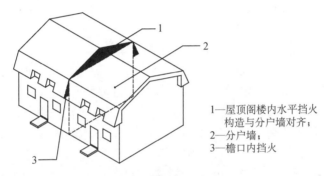

1—屋顶阁楼内水平挡火
构造与分户墙对齐；
2—分户墙；
3—檐口内挡火

图21　屋盖内防火分隔

采用实木锯材或工字搁栅的楼盖和屋盖，一般在构件底部与其他材料直接连接；在结构上，搁栅之间支撑通常可用作水平隔火构件，一般不需要增加额外的水平隔火构件。当空间的长度超过20 m时，沿搁栅平行方向需要增加隔火构件，见图19。

当屋盖采用轻型桁架时，应注意阁楼内隔火构件之间的拼缝。拼缝的位置应落在桁架弦杆或腹杆上。如果拼缝悬空，则须用板条封住，以防火焰和高温气体的扩散支撑。

当这些空间与竖向密闭空间连在一起时，在二者交汇处必须有防火分隔措施。

此外，当顶棚材料安装在龙骨上时，龙骨与结构构件之间会形成一定的空间，在这个空间内，火焰、烟气和高温气体可能横向传播至墙体构件中。在外墙围护结构中在围护材料与墙面板之间形成的等压防水层也可能为火焰、烟气和高温气体的移动创造条件。因此,在这些部位应安装相应的隔火构件。

7.3.2 本条参照了加拿大在轻型木结构建筑中常用的材料。

7.3.3 轻型木桁架制作的坡屋面重量轻,特别适用于已修建完成的建筑屋顶平改坡的改造工程,该项平改坡技术在我国已广泛应用。虽然用于平改坡的轻型木结构屋架体系均采取了防火保护措施,但由于轻型木结构的特殊材性,在使用范围和构造方面还是作了严格的要求。

7.4 电线电缆与设备防火

7.4.1 我国电线电缆设计标准所要求的防火措施,只是对电线电缆着火后的被动消防。在实际施工和运行中,由于电线电缆的增加、敷设的集中、施工的质量太差等加剧了电线电缆火灾的危险性。因此,在实际工程应用中预防电线电缆火灾,必须从控制危险因素着手,并运用相关标准,采取相应的防火措施,尤其是在轻型木结构建筑中的构件多为可燃或难燃材料,故对电线电缆的防火性能必须较为严格的要求。建筑结构消防设备应采用耐火耐热配线设计,以确保配电线路的完整性与耐火性。

7.4.3 本条对空气调节系统作了规定。

2 金属管道的绝热保护厚度国内外暂无设计依据,故模拟场景,得出结论。计算条件:烟气温度 240℃,隔墙墙板采用 18 mm 石膏板,隔热采用矿棉,150℃时的导热系数为 0.056,房间温度 20℃,墙内空气温度为 40℃,计算隔热层厚度为不小于 60 mm,考虑安全系数,建议采用 70 mm。

3 采用金属网板和玻璃门来分隔火焰与房间空间,以确保火星不会进入房间。

7.4.4 室内电气和煤气能源系统的安装必须满足规范要求,这一点对消防安全至关紧要。管道的敷设、设备的安装都应该符合相应的规范和标准。

对于管道而言,如果管道内的液体可使管道外表层温度达到120℃,那么管道本身以及管道的包覆材料、绝热材料、内衬以及施工时使用的胶粘剂必须为不燃材料;对于外壁温度低于120℃的管道及其包覆材料或内衬,其防火性能应不低于难燃性。

7.4.5 本条参考了烟囱的保护层做法。

7.5 消防设施

7.5.4 本条提出了应设置自动喷水灭火系统的建筑和场所。

5 设有风管集中空气调节系统的住宅、办公楼、人员密集场所和建筑层数超过 4 层的混合木结构,其火灾危险性较大,采取自动喷水灭火系统,可有效地防止火灾的蔓延。

7.5.5 国外研究与火灾经验表明,自动喷水灭火系统是最有效的主动防火系统,特增加本条。

7.5.8 在轻型木结构建筑中应采用火灾报警装置,一旦发生,可起到预警的作用。

7.6 施工现场防火措施

施工阶段是轻型木结构建筑耐火性能最薄弱的阶段,特增加本节,主要通过施工现场的防火措施来降低轻型木结构建筑施工阶段火灾发生的概率。

8 暖通空调与电气设计

8.2 热环境和建筑节能设计指标

8.2.3 综合考虑住宅建筑的污染与人员污染的影响,木结构住宅建筑新风量以换气次数确定为主,取代原规范中按照人员确定新风量的方法,新风量标准参照现行上海市工程建设规范《住宅设计标准》DGJ 08—20 中的规定值。

8.3 建筑和建筑热工设计

轻型木结构建筑与传统混凝土建筑热工设计的最大区别是围护结构是非均质复合结构,其热阻值计算根据现行国家标准《民用建筑热工设计规范》GB 50176 应采用二(三)维传热计算得到。

8.3.1 组织好建筑室内外春秋季和夏季凉爽时段的自然通风,不仅有利于改善室内的热舒适性,而且可减少开空调的时间,有利于降低建筑的实际使用能耗。因此,在建筑单体设计和群体总平面布置时,考虑自然通风是十分必要的。

太阳辐射得热对建筑能耗的影响很大,夏季太阳辐射得热增加制冷负荷,冬季太阳辐射得热可以降低供暖负荷;由于太阳高度角和方位角的变化规律,南北朝向的建筑夏季时可减少太阳辐射得热,冬季时可增加太阳辐射得热,是最有利的建筑朝向;但由于建筑的朝向还受到许多其他因素的制约,不可能都做到南北朝向,故本条文用了"宜"字。

8.3.3 轻型木结构建筑围护结构如图 22 所示,由外墙防护板、空气层、防水层、外层木板、木龙骨层(内填隔热材料)及内层石膏板组成,木龙骨一般尺寸为 90 mm×40 mm,其间通常采用矿棉或玻璃棉作为隔热材料,它们的导热系数在常温下一般分别为 0.045 W/(m·K)和 0.036 W/(m·K),它们用于外墙时的传热系数如表 6 所示;如果希望传热系数小于 0.4 W/(m²·K),就应该采用隔热性能较好的离心玻璃棉材料。

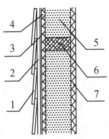

1—外墙防护板;2—空气层;3—防水层;
4—外墙板;5—隔热材料;6—横向木龙骨;7—内层石膏板

图 22　外围护断面图

表 6　隔热层厚度为 90 mm 时的外墙传热系数

填充隔热材料	玻璃棉		矿棉	
常温下导热系数[W/(m·K)]	0.033	0.036	0.042	0.045
传热系数[1][W/(m²·K)]	0.34	0.37	0.43	0.45
平均传热系数[2][W/(m²·K)]	0.37	0.40	0.46	0.49

注:1　仅计算外层木板、隔热材料层、内层石膏板的传热系数。
　　2　将木龙骨传热计入后的加权平均传热系数。

由 2 种以上材料组成的、二(三)维非均质复合围护结构的热阻值按照国家标准《民用建筑热工设计规范》GB 50176—2016 中附录 C.1.1 与 C.1.2 计算。

底面接触室外空气的架空或外挑楼板往往采用混凝土或木搁栅构造,这时均应敷设 50 mm 厚的玻璃棉隔热层,计算传热系数可达 0.7 W/(m²·K)。

分户墙和户户之间的楼板,均处于室内范围,且其隔声要求较高,其墙内采用 55 mm 的玻璃棉作隔热层,计算传热系数可达到 0.6 W/(m² · K);如采用矿棉作隔热层,计算传热系数可达到 0.75 W/(m² · K)。

8.3.6 夏季透过窗户进入室内的太阳辐射热是构成空气调节负荷的主要部分,设置外遮阳是减少太阳辐射热进入室内的一个有效措施;夏季外遮阳在遮挡阳光直接进入室内的同时,可能也会阻碍窗口的通风,因此设计要加以注意。

建筑在冬夏两季对透过窗户进入室内的太阳辐射的需求是截然相反的,尤其在夏热冬冷地区更是如此,故设置活动式的外遮阳更加合理。提倡采用活动式的外遮阳,这样容易兼顾建筑冬夏两季对阳光的不同需求,窗外侧的卷帘、百叶窗等就属于"展开后可以全部遮蔽窗户的活动式外遮阳",虽然造价比一般固定式外遮阳(如窗口上部的外挑板等)高,但遮阳效果好,更能兼顾冬夏,应当鼓励使用。

8.4 建筑气密性设计

8.4.2 轻型木结构建筑中设置连续气密层不但可以防止室内外空气(往往具有较高蒸汽含量)渗漏到墙体、楼盖、屋盖中,避免由此可能产生的蒸汽冷凝,防止开洞处水分渗漏,而且也可以有效降低供热和供冷所需的能源消耗,并隔绝外界噪声,防止室外污染气体进入室内。因此,气密层的设置对保证建筑的性能和寿命,及居住者的舒适等十分重要。轻型木结构建筑中大多数材料本身具有较高的气密性,气密层可由不同的材料和构件组合来实现,例如气密性内墙、气密性外墙板、气密性外墙防水膜等,关键是在设计和施工过程中保证气密层在各连接处的气密性。其中,用于屋顶自然通风空间下的天花顶棚和用于自然通风架空层上的底层地面都应设有良好的气密层,设置在这些气密层组件上的检查维修人孔盖板也应做好密封工作。

8.4.3 上海夏季潮湿的气候和非常高的地下水位使架空层的防潮十分关键,为了预防在底层楼盖产生蒸汽冷凝,应优先采用调温调湿架空层和地下室,将架空层、地下室作为居住空间来设计和施工。普通架空层、地下室仅设置通风口或机械通风装置进行通风,内部环境仍不同于生活空间环境,在高温潮湿条件下,特别当上面居住空间采用空气调节制冷时,极易在底层楼盖引起冷凝,影响木楼盖的性能和寿命,而且普通架空层也不宜用于设置各类管道。

8.5 供暖、通风和空气调节设计

8.5.5 轻型木结构建筑设置通风系统是保证健康、卫生的室内环境的必要条件,同时也是保护轻型木结构建筑的有效手段。实践证明,通风系统良好的轻型木结构建筑,往往可以获得很长的使用寿命。

表 7 所列是风机余静压在 50 Pa 时不同风管尺寸和风量情况下所允许连接的风管长度;当超过允许长度时,应按超过的比例提高风机的余静压。

8.5.6 由于轻型木结构建筑的密闭性较好,自然补充空气有限;当室内装有利用室内空气进行燃烧的设备,如非平衡式燃气热水器、壁炉等明火燃烧设备时,如果没有充分的室外空气补充,易发生人身事故,故制定本条。条文中的允许燃烧空气量可以按装有燃烧设备的居住空间净面积计算,每 100 m^2 居住空间,允许被空气燃烧设备排放的空气量为 25 m^3/h。

8.5.8 为保证新风的质量,新风不能取自相邻使用单元、汽车间及条件较差的地下室、爬行空隙、阁楼空间等,应直接取室外新鲜空气。

8.5.10 轻型木结构建筑中这些管道的绝热处理和隔汽处理,除了具有防止冷热量损失及防止烫伤(或冻伤)的作用外,还具有防止长期的冷凝水对轻型木结构材料的损坏的作用。

表 7 风管选择

风机余静压 50 Pa 时的额定性能（m³/h）

风管最大有效长度（m）

		平滑风道						柔性风道					
		75	125	150	200	250	300	75	125	150	200	250	300
圆管直径 (mm)	75	2	×	×	×	×	×	×	×	×	×	×	×
	100	35	12	2	×	×	×	27	1	×	×	×	×
	125	×	45	28	18	×	×	×	27	12	7	×	×
	150	×	×	×	48	30	×	×	×	42	32	14	×
	175	×	×	×	×	45	28	×	×	×	×	30	14
方管尺寸 (mm)	80×250	—	—	—	48	30	×						
	100×125	—	45	28	18	×	×						
	80×300	—	—	—	—	45	28						
	100×200	—	—	—	48	30	×						
	125×150	—	—	—	48	30	×						
	80×350	—	—	—	—	—	28						
	100×275	—	—	—	—	—	28						
	125×200	—	—	—	—	45	28						
	150×175	—	—	—	—	—	28						

说明:1 本表中风管的长度是基于风机余静压 50 Pa 的条件下获得。

2 上述表格假定风管没有弯折。每一处弯折在允许风管长度中扣除 5 m。

3 "—"表示该尺寸的风管长度没有限制。

4 "×"表示不允许,该尺寸风管的任何长度都会造成阻力超过额定压力降。

9 防护设计

本章条文适用于轻型木结构建筑围护结构的耐久性设计，主要包括防水、防潮、防腐朽和防白蚁。整个耐久性设计应采用多重防御原则，防止水分从屋顶、外墙或地下渗入室内，通过控制热量、空气和水分在室内外之间的传递来防止蒸汽冷凝，并且要防止白蚁危害。耐久性设计的最终目的是避免轻型木结构构件被过早破坏，或影响其在设计使用年限内的既定功能，或影响居住者的安全和健康。

上海年均气温在 15℃ 以上，年平均降水量在 1 300 mm 以上，年平均相对湿度在 75% 左右，夏热冬冷，总体气候属于温暖潮湿气候。上海地区经常遭受台风的破坏；再加上地下水位非常高，所有这些因素都对轻型木结构建筑造成不利影响，故防水、防潮等耐久性设计对轻型木结构建筑非常关键。

上海市的白蚁危害在中国属中度危害，存在台湾乳白蚁，这是世界上对木结构和其他建筑危害最为严重的白蚁种类之一。白蚁危害的范围主要包括房屋建筑、树木等，在整个上海市区范围都有分布，但在个别区域呈密集分布，对房屋建筑造成较严重的危害。历史上上海市的白蚁危害曾经十分严重，据 1958 年抽样调查，严重地区白蚁危害率高达 60%～70%，但经过集中治理后危害明显下降，到 80 年代降低至 3% 以下。据中国物业管理协会白蚁防治专业委员会 2004 年的调查，上海市白蚁危害率为 4%。但是，由于近些年上海市对白蚁的防范和控制有所忽视，能有效控制白蚁但对环境可能造成严重影响的药剂已经退出市场，并且随着人口和货物的大规模流动及全球气候变化等，从长远的角度来说白蚁危害呈上升趋势。因此，在设计和施工过程中，需要充分考虑建筑所在区域的白蚁危害,确保防白蚁措施落实到位。

9.2 防水、防潮

9.2.1 气候条件、外部环境和建筑外部特征等决定建筑遭受的风雨侵袭,应尽量减小周围地形的暴露程度;周围地形特征要综合考虑周围水源、山坡、临近建筑、树木等对建筑暴露程度的影响。

轻型木结构典型的悬挑由屋顶提供,但也可以由其他建筑特征如雨篷等提供。研究和调查表明,建筑的悬挑宽度决定外墙和门窗受潮的几率和持续时间,增加悬挑投影宽度可以有效减少建筑可能产生的由水分引起的破坏。计算悬挑率时,墙体高度应从易受水分侵蚀破坏部件的最低部分算起(故混凝土基墙的高度不应计算在内),而悬挑部分的水平投影距离是指墙体外墙防护板的外表面到悬挑投影外边缘的水平距离。

木结构外墙、屋顶的设计必须考虑建筑的暴露程度。对于可能遭受到较为严重风雨袭击的外墙,宜采用防水功能更强的墙体结构,比如采用特殊外墙防水膜及相应的墙体结构,并加强各设计施工细部。对于普通防水外墙(见附录 E,表 E.0.1 中墙体 1),防水主要由外墙防护板和外墙防水透气膜来实现,外墙防护板层由防护板、泛水板、密封材料和其他辅助材料构成,是第一道防护层,应完整连续,确保与窗、门、其他外墙开口交界处的连续细部;第二道防护层至少由一层普通外墙防水透气膜构成,应确保其完整连续,尤其是在墙体与其他部分包括窗、门、通风口及插座的开洞和交界处,从而确保遮挡住渗入第一道防护层的雨水,并将其排至墙外侧。

对于普通排水通风外墙(见附录 E,表 E.0.1 中墙体 2),在上述两道防护层之间设置排水通风空气层,主要用于减少外墙防护板内外之间的压力差,从而减少雨水渗入、破坏毛细管渗水,促进排水和干燥,提高外墙的防水性能。上海地区木结构的外墙均应设计排水通风空间。

除了上述普通排水通风外墙,还有其他几类墙体也设置排水通风空气层。附录 E 中的节能排水通风外墙(表 E.0.1 中墙体 3),一般也采用普通外墙防水透气膜,此墙不但在墙骨柱层内铺设保温隔热层,并且在防水透气薄膜外侧铺设刚性外隔热层(包括刚性岩棉)。研究和实践表明,该墙体不但提高了保温隔热效果,节省能耗,并可能具有更好的防冷凝功能。

如果建筑位于大面积水体附近或山坡等非常暴露的地形,因为会遭受更为严峻的风雨侵袭,宜采用防水功能更强的墙体结构,比如采用具有特殊外墙防水薄膜的排水通风外墙。该类墙体的主要特征是采用了不透水并具备很低蒸汽渗透率的外墙防水薄膜,比如 1 mm (40 密耳,1 密耳为 0.025 4 mm)厚的自粘合沥青膜,不透水,且蒸汽渗透率约为 5 ng/(Pa·s·m²)。隔热层可以位于防水薄膜之外(见附录 E,表 E.0.1 中墙体 4),但最好不但位于防水薄膜之外,也同时在墙骨柱层内铺设隔热材料(见附录 E,表 E.0.1 中墙体 5),以最大程度地提高保温节能效果。该墙体隔热材料的设置应避免在外墙板处产生冷凝,故至少 50% 的隔热效果应由位于防水薄膜之外的外隔热层来实现。

9.2.7 上海一年中大部分时间室外温暖潮湿,室内温度往往较室外温度要低一些,特别在空调制冷的情况下,所以室外的蒸汽压力往往高于室内的蒸汽压力,使得建筑内外的蒸汽流动方向主要是从室外流向室内。这种现象在夏季室外气温很高、湿度也很高,但室内空调制冷除湿情况下尤其明显;如果外墙防护板是吸水性材料,在降雨过程中大量吸水后并经受较高温度情况下,这种向内的蒸汽流动甚至产生蒸汽冲击效果,变得极其显著。因此,墙体排水通风空气层之内、外墙板之外(包括外墙板)结构的复合蒸汽渗透率应大大低于外墙板内层(包括墙骨柱腔内保温隔热层、内墙板和内饰层)的复合蒸汽渗透率,以阻挡蒸汽大量进入墙体。复合蒸汽渗透率计算见附录 E 中的表 E.0.1。墙体内层不应使用蒸汽阻隔材料,避免蒸汽在其外侧产生冷凝,并促进墙体向室内干燥。

9.2.8 外墙防护板底部离地高度,在加拿大建筑规范中至少为 200 mm,考虑其防水以及防白蚁方面的作用,提高到 250 mm。图 9.2.8-1 外墙防护板与基础墙或混凝土楼板搭接,用以遮挡雨水进入墙体,延续了第一道防护层。图 9.2.8-2 在外墙防水薄膜后设置金属泛水板,延续和完整了第二道防水薄膜,用以防止水分从防水膜进入墙内。白蚁从周围土壤侵入建筑时需要建造蚁路,用以隐蔽自己及提供水源,设置外墙防护板的离地距离,可以暴露蚁路,方便检查白蚁。设置木构件离地距离,是防水及防白蚁的基本措施。

9.2.10 不同高度的两面墙相交时,应确保相交处由外墙防护板和由泛水板构成的第一道防护层与由防水薄膜构成的第二道防护层的连续和完整,防止水分进入,如图 23 所示。

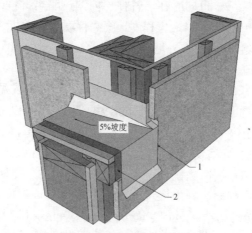

1—外墙防护板和泛水板构成的第一道防护层;
2—泛水板下的防水薄膜与墙体的防水薄膜构成的第二道防护层

图 23　高度不同的两面墙相交处的防水细节示意图

9.2.11 墙顶部应使用金属泛水板作为第一道防护层,金属泛水板下须设置一道柔性防水膜,作为第二道防护层。

9.2.12 非保温外墙(如阳台分隔墙、阳台护墙等)是室外墙,墙体内外没有温差,故应在墙上开通风孔以促进墙体内水分向外散发。

9.2.13 暴露于外部的窗户和门是外墙墙体结构中最大的开洞,如果细部处理不充分,可能导致严重的水分渗入。因此,门窗处的第一和第二道防护层非常重要,整个结构要能有效遮挡和排除水分。由于窗户玻璃不透水,再加上窗户形状等因素决定了水分容易积聚在窗户基部;另外,很多窗户因为在生产过程中密封不完善,施工过程中焊接和密封件遭到破坏,及使用过程中老化等各种原因都可能产生渗水。因此,应基于窗户连接处会渗水这样的假设对窗户基部进行额外的细节处理,充分做好防水工作,门框周围也要进行类似的细部处理工作。

门或窗户不应渗水,避免内部结构受潮,门窗宜采用以下条件进行渗水测试:净压力差为 100 Pa,持续 15 min,测试用水流为 1.26 L/min,测试面积为 600 mm^2。

9.2.14 建筑屋顶最大限度地暴露在风雨中,故屋面的防水膜、屋面瓦、泛水板的设计安装需要充分考虑坡度、搭接宽度等,防止渗水;如果在女儿墙顶部设置的是混凝土压顶,应采用额外措施防止渗水。

9.2.15 我国有关统一技术措施规定 3 层及 3 层以下或檐高小于等于 10 m 的中小型建筑可采用无组织排水,同时也规定在多雨地区,屋面排水宜采用有组织排水。因此,屋面排水建议采用由檐沟、落水管和地面排水系统相连的有组织排水。

9.2.16 屋顶露台和阳台的暴露程度与屋顶类似,而且排水坡度较小,往往与外墙交接,还要承载行人。因此,屋顶露台和阳台应该与设计设置屋顶细节类似,要尽量减少缩小开口,防止防水膜遭到破坏,充分排除水分。此外,屋顶露台和阳台的设计和施工中还要充分考虑木材收缩。例如,因为墙体所用木材在与室内环境相平衡过程中会产生收缩,阳台往往由收缩量很小的木支柱或不收缩的金属支撑,如果不充分考虑阳台坡度,阳台就有可能向墙方向倾斜,影响排水。

9.2.24~9.2.26 上海地区地下水位较高,从地下排水相对困难,故地面以下结构的防水十分关键。混凝土楼板应浇筑在碎石夯实层上,建筑向周边放坡,建筑底层楼面离地一定的高度,及在木骨架与混凝土楼板之间铺设防潮膜,这些是基本防水措施。

在地下室底板或底层楼板之下铺设防潮层,不但可以防水,而且可以防止土壤中的氡气及其他气体进入室内。

9.3 防腐朽

9.3.4 上海温暖潮湿的气候决定了木材非常容易腐朽,特别当暴露在风雨中,或与能够保持或传输水分的物质直接接触时,防腐处理木材在新锯木材断面、锯口及钻孔处应进行补充防腐处理。如果是 CCA、ACQ 或 CA 处理木材,可用含 2% 铜的环烷酸铜进行补充处理,至少涂刷 2 层;室内地上用硼处理木材可用硼/乙二醇浓缩液进行相应处理。

9.4 防白蚁

9.4.1 施工场地处理可以有效减少建筑初期可能遭到的白蚁破坏,但是白蚁可能在建造完工后通过附近蚁巢的迅速扩散,或通过新蚁王蚁后飞入逐渐建立新的蚁巢而对建筑产生新的白蚁危害,故防白蚁设计非常重要。此外,轻型木结构建造完工后应定期对建筑进行白蚁专业检查,如发现白蚁,应由专业人员对该建筑进行灭蚁,对被侵害部位进行合理修补,并再次进行白蚁预防工作。

9.4.2 这些从建筑设计角度考虑的防白蚁方法是相对被动的方法,主要用于阻挡不易观察的白蚁入侵。此外,仍然需要定期地检查是否有蚁路的存在,更为重要的是,建筑应同时按照相应要求采用更为主动的防白蚁方法,例如土壤化学处理、白蚁诱饵系统或物理屏障。

9.4.3 轻型木结构建筑防白蚁除满足第 9.4.1 和第 9.4.2 条要求外,尚应符合下列规定:

1 防白蚁土壤化学处理是传统的防白蚁措施,应采用经国家相关部门登记注册的土壤防白蚁药剂,由专业人员实施;土壤化学处理须在当地地下水位以上,在整个结构基础底面、侧壁土壤、底层地坪土壤的外延等,在平整碾压密实(夯实)后开始进行;厨房、卫生间等易受潮部位要作重点处理;各类埋地管线的外墙出入口周围、房屋建筑的伸缩缝、沉降缝、抗震缝等处,应做局部重点处理;使用时,应避免药剂长时间裸露在室外引起的药物挥发、分解或流失。

2 如果合理使用经国家相关部门登记注册并证明具有可靠性能的白蚁诱饵系统,可以有效防止白蚁侵入房屋,并因减少使用了防白蚁药剂而可能减少药剂对环境的影响;白蚁诱饵系统的合理安装,及长期的检查和维护十分关键,应由专业人员完成。

3 常见防白蚁物理屏障方法不能杀死白蚁,只能用于阻挡白蚁进入建筑。防白蚁沙障目前在美国的夏威夷和加利福尼亚,以及澳大利亚有所应用,分别用坚硬的玄武岩、花岗岩和硅石,针对当地特殊的白蚁种类,由一定粗细比例的沙石构成,用以阻挡白蚁穿过。不同白蚁种类所需的沙石粗细比例不同,须经过研究证实有效后才能应用。夏威夷檀香山县的建筑规范(2317.2)规定建筑下的沙障至少为 10 cm 厚,并从钢筋混凝土楼板向外延伸出 10 cm;防白蚁用金属网在澳大利亚使用较为广泛,使用具有特殊规格的不锈钢网,配合使用防白蚁金属帽和环管,并具有严格的安装要求;经防白蚁药剂处理的薄膜在日本有较为广泛的应用。所有这些物理防白蚁方法,应经当地研究证实有效并经主管部门登记注册,应严格按照产品标识进行安装和维护。

9.4.4　使用防白蚁木材,是提高整幢轻型木结构抗白蚁性能最根本有效的方法,可使用具有抗白蚁性能的防腐处理木材或天然抗白蚁木材。研究表明,硼处理木材具有优越的抗腐朽和抗白蚁性能,并且处理木材无色无味,对人畜的毒性极低,但因为硼化物易溶解于水,所以不能用于长期暴露在雨水或积水,或与土壤接触的环境中。但研究和实践表明,正常施工过程遭受少量的雨淋,或在墙体或屋顶使用过程中遭受一些冷凝水,对硼处理木材的耐久性不会产生影响,因为这些情况下硼不会产生严重流失,防腐处理木材在新锯木材断面、锯口及钻孔处应进行补充处理。如果是 CCA 或 ACQ 或 CA 处理木材,可用含 2% 铜的环烷酸铜进行补充处理,至少涂刷 2 层,硼处理木材可用硼/乙二醇浓缩液进行相应处理;在不与土壤接触情况下,也可使用已经证明有效的天然抗白蚁木材,如黄雪松心材;其他天然抗白蚁木材可参见澳大利亚标准 AS 3660.1 附录 A(天然抗白蚁木材)。

10   隔声设计

10.1   一般规定

10.1.1   本条是对住宅居住空间内噪声的基本要求,木结构住宅均应满足此要求。

10.1.2   本条是对木结构构件的隔声性能的基本要求,包括空气声和撞击声隔声。

10.1.3   为便于设计,特提供不同构造的墙体和楼盖的计权空气声隔声量供设计师参考。

10.2   隔声减噪措施

10.2.1   应采用2道防线控制噪声:第一道防线是减少噪声源;第二道防线是将建筑或单元与噪声源隔离。为减少建筑周围的外部噪声,建筑应远离噪声源;停车场、儿童游乐场和健身活动场地一般是噪声源,应尽量远离。

10.2.2   如果无法避免高速公路和主要道路上的交通噪声,则必须建立第二道防线,用隔音屏障将建筑与外部噪声源隔离开。

10.2.3   房间的布置应远离房屋内部噪声源。居住空间属于安静房间类型,厨房、卫生间属于噪声源房间类型,居住空间不应毗连相邻套房的厨房或卫生间。

10.2.4   电梯运行会产生噪声和振动,为了防止电梯噪声和振动干扰居室环境、影响睡眠休息,在住宅设计中要尽可能使电梯井远离居住空间;在住宅设计时,即使受平面布局限制,也不得将电梯井紧邻卧室布置,否则可能会影响睡眠休息;不得不紧邻起居室布置时,应采取相应的技术措施,例如选用低噪声电梯、提高电梯井壁的隔声性能、在电梯轨道和井壁之间设置减振动装置等。

10.2.5 当厨房或卫生间与居住空间相邻布置时,如果将管道等可能传声的物体设于公共墙上,可能会引起公共墙的振动而直接向卧室或起居室(厅)辐射噪声;目前住宅普遍采用 PVC 排水管,其隔声性能比铸铁管差,如果在 PVC 管道外包上隔声减振材料,可有效降低管道排水时的噪声辐射。

10.2.6 第 1 款:为防止穿过楼板和墙体的管线孔洞周边的缝隙传声,孔洞周边应作密封处理;

第 2 和第 3 款:为防止声音穿过墙壁,地板或天花板上的切口或孔洞降低隔声性能,应将切口和孔洞密封。

10.2.7 本条通过减少建筑构件之间的撞击和设置隔音屏障来降低外部撞击声。

10.2.8 应选择低噪声系统来减少电子设备、通风和排水系统以及空调的内部噪声源。空气调节系统是近年来一些住宅中新出现的噪声源,应采取技术措施降低和隔绝设备噪声及控制风口噪声;空调外机与邻居套房居住空间的窗户之间的距离不要太近。

10.2.9 本条规定是为了减少混合住宅和商业建筑中的噪声源,例如酒吧、健身中心、舞厅等娱乐活动场所,产生的噪声和振动对同一幢建筑内住户的干扰。

10.2.10 本条是为了减少机房、垃圾槽、电梯井、中央空气调节系统、循环水泵和其他机械设备所产生的噪声和振动对住户的干扰。

10.2.11 本条规定是为了减少因空调而产生的振动和噪声。

10.2.12 轻型木结构构件的隔声性能主要受覆面板密度、墙骨的规格和间距、填充隔热材料的容重和厚度等影响,符合"质量定律",同时又一定程度上符合"吻合效应"。相关试验证明,轻型木结构构件的隔声性能存在以下规律:

1 构件面密度越大,隔声性能越好,尤其对于低频。

2 扩大构件中的空腔或在空腔中填充的保温材料(吸声材料)有利于提高隔声性能;空腔中填充保温材料的热阻(R)越低,其流阻率越高,构件的隔声性能越好。

3 填充吸声材料的孔隙率越低,构件的隔声性能越好。

4 轻型木结构搁栅楼板上现浇混凝土面层能显著提高空气声隔声性能,但撞击声隔声性能有所下降;若同时采用浮筑造楼面,可显著提高撞击声隔声性能。

5 构件间的接缝处理,对侧向传声、隔声性能有一定影响。

6 减振龙骨可显著提高轻型木结构构件的隔声性能。

7 将相邻房间的搁栅、楼面板断开,可减少侧向传声,从而提高墙体和楼板的隔声性能。

11 施工与质量验收

11.1 施 工

11.1.5 承重构件涉及结构安全,施工人员不得自行改变结构方案。本条规定,受设备等影响必须调整结构方案时,需由设计单位作必要的设计变更,确保安全。

Ⅰ 楼盖、屋盖

11.1.8 从构造要求出发,规定了楼盖封头搁栅、楼盖洞口封边搁栅的钉接要求,确保楼盖的有效传力。

11.1.9 明确要求施工过程中,在未铺钉楼面板和设置搁栅间支撑时,不得堆放重物及人员走动,避免楼盖形成整体之前出现变形、破坏及发生安全事故。

11.1.10 屋盖坡度大于 $1:3$ 时,顶棚搁栅承受拉力,故要求支承在墙体或梁上的搁栅搭接的钉连接用钉量要多一些、强一些。

11.1.11 在屋面板铺钉完成前,椽条平面外尚无支承,承载能力有限,因此规定施工时不得在其上施加集中荷载和堆放重物。

11.1.12 桁架弦杆的截面宽度一般仅为 38 mm,各节点用齿板连接,其平面外的刚度较低。桁架支座的支承面窄,站立式稳定性差,因此吊装就位后临时支撑的设置十分重要;条文规定了临时支撑应在上、下弦杆和腹杆上平面设置,并应设置可靠的斜向支撑,防止施工阶段整体倾倒。

Ⅱ 墙 体

11.1.18 有关节能保温工程的质量要求应符合现行国家标准《建筑节能工程施工质量验收标准》GB 50411 和现行上海市工程

建设规范《住宅建筑节能工程施工质量验收规程》DGJ 08—
113 的规定。

11.2 质量验收

11.2.8 本条规定旨在要求轻型木结构的建造施工符合设计文
件的规定,保证结构达到预期的可靠水准;轻型木结构中剪力墙、
楼盖、屋盖布置,以及采取的抗倾覆及防掀起措施是影响结构安
全的重要因素,施工时务必确保质量。

11.2.9 木材含水率不得大于 20%的要求与现行国家标准《木结
构设计标准》GB 50005 一致;若发现含水率大于 20%的木材,应
扩大抽查范围,含水率不满足要求的木材,应进行处理后重新检
测,满足要求后方可使用。含水率试验应按现行国家标准《木材
含水率测定方法》GB/T 1931 执行,抽查时不仅要满足数量要求,
更需要加强对目测明显潮湿的木材的检测。

11.2.10 板材力学性能试验的项目和结果等应符合现行国家标
准《木结构工程施工质量验收规范》GB 50206 的规定。

11.2.11 民用建筑工程室内用胶粘剂、水性处理剂(包括阻燃
剂、防水剂、防腐剂)等其他材料的选用,除应满足设计要求外,也
应符合现行国家标准《民用建筑工程室内环境污染控制标准》GB
50325 的规定。

11.2.13 桁架制作时需要专门的设备将齿板准确有效地压入节
点,确保桁架的质量,故要求桁架由专业的加工厂进行制作并由
厂家提供产品质量合格证书。

11.2.14 木结构的安全性取决于构件和连接的质量,本条要求
金属连接件、钉连接均应严格符合设计文件的规定,保证结构安
全和房屋质量。

11.2.15 构件的连接是指:①楼盖、屋盖和墙体内部构件的连
接;②楼盖、屋盖及墙体之间的连接。连接方式采用圆钉、麻花

钉、螺钉、螺栓直接连接或通过金属件传递的间接连接两种形式。

11.2.17 防水材料的复验应按现行国家标准《地下防水工程质量验收规范》GB 50208、《屋面工程质量验收规范》GB 50207 执行;隔热材料的复验应按现行国家标准《建筑节能工程施工质量验收标准》GB 50411 和现行上海市工程建设规范《住宅建筑节能工程施工质量验收规程》DGJ 08—113 执行。

12 装配式轻型木结构建筑

12.1 一般规定

12.1.1 建筑、结构、机电设备、室内装饰装修的一体化设计是装配式建筑的主要特点和基本要求。装配式轻型木结构要求设计、制作、安装、装修等单位在各个阶段协同工作。

12.1.2 装配式轻型木结构组件均在工厂加工制作,为降低造价,提高生产效率,便于安装和质量控制,在满足建筑功能的前提下,拆分的组件单元应尽量标准定型化,提高标准化组件单元的利用率。

12.1.4 装配式建筑设计宜采用信息化技术手段(BIM)进行方案、施工图设计。方案设计包括总体设计、性能分析、方案优化等内容;施工图设计包括建筑、结构、设备等专业协同、管线或管道综合、构件、组件、部品设计等内容。采用 BIM 技术能在方案阶段有效避免各专业、各工种间的矛盾,提前将矛盾解决,同时采用 BIM 技术整体把控整个工程进度,提高构件加工和安装的精度。

12.1.7 装配式轻型木结构预制板式组件是平面构件,包含墙体、楼盖和屋盖,集成化程度较高,是装配式结构中最主要的拆分组件单元,运输方便,现场工作少。组件的拆分应符合工业化的制作规定,便于生产制作。

12.4 安 装

12.4.1 施工组织设计是指导施工的重要依据,装配式木结构建筑安装为吊装作业,对吊装设备、人员、安装顺序要求较高。为保证工程的顺利进行,施工前应编制施工组织设计和专项方案。专项施工方案应综合考虑工程特点、组件规格、施工环境、机械设备等因素,体现装配式木结构的施工特点和施工工艺。

12.4.2 装配式木结构建筑安装吊装工作量大,存在较大的施工风险,对施工单位的素质要求较高。为保证施工及结构的安全,要求施工单位具备相应的施工能力及管理能力。

12.4.6 预制组件吊装时应注意以下几点:

1 由多个组件组装成的安装单元吊装前应进行吊点的设计、复核,满足组件的强度、刚度要求,并经试吊后正式吊装,既要保证组件顺利就位,也要保证组件与组件之间无变形、错位。

2 对体量较大的板式组件应考虑吊装过程中组件的安全性,可以采用分配梁、多吊点等方式。

3 组件安装就位后,一般情况下,首先应校正轴线位置,然后调整垂直度,并初步紧固连接节点。待周边相关组件调整就位后,紧固连接节点。

4 组件吊装时应有防脱措施。